KB100178

초등 4학년,
아이가 수학을
포기하기 전에

초등 4학년, 아이가 수학을 포기하기 전에

초판 1쇄 발행 2021년 3월 3일
초판 2쇄 발행 2021년 10월 20일

지은이 좌승협
펴낸이 박지혜

기획·편집 박지혜 | **마케팅** 윤해승 윤두열
디자인 this-cover
제작 더블비

펴낸곳 ㈜멀리깊이
출판등록 2020년 6월 1일 제406-2020-000057호
주소 10881 경기도 파주시 광인사길 127
전자우편 murly@munhak.com
편집 070-4234-3241 | **마케팅** 02-2039-9463 | **팩스** 02-2039-9460
인스타그램 @murly_books
페이스북 @murlybooks

ISBN 979-11-91439-00-7 13590

초등 4학년, 아이가 수학을 포기하기 전에

좌승협 지음

멀리깊이

서문

우리 아이 소중한 꿈이 수학 때문에 무너지지 않도록

수학이 우리나라 교육에서 차지하는 영향력은 대단합니다. 수학 사교육 시장은 영어만큼이나 거대합니다. 필연적으로, 우리 아이들은 수학의 즐거움과 아름다움을 느끼기도 전에 수능 수학 한 문제를 더 맞히기 위한 경쟁에 뛰어들어 오늘도 수백 권의 문제집과 싸우고 있습니다. 부모님들 역시 한 푼이라도 더 아껴 아이 수학 공부를 뒷바라지하기 위해 고군분투하고 있습니다.

서른 개의 수능 문제를 맞히기 위한 레이스는 초등 저학년부터 시작됩니다. 서른 문제의 100배 아니 1,000배가 넘는 방대한 문제를 풀면서도 정작 수학 교육이 목표하는 바와 맞지 않는 문제를 학습하고 있는 게 현실입니다. 그래서 수포자가 끊임없이 생기고 수학 교육과정을 개편해야 한다는 목소리도 끊이지 않습니다.

아이가 처음으로 수학을 장애물로 느끼게 되는 시기는 대체로 초등 4학년입니다. 도대체 무엇이 달라지길래, 아이들은 울상을 짓고 많은 전문가들도 4학년 수학을 제대로 잡지 않으면 안 된다고 말하는 걸까요?

첫 번째 이유는 이전에 학습했던 수학 공부 습관으로는 4학년 수학을 제대로 학습하기 어렵다는 데 있습니다. 1~3학년 때는 계산 문제를 반복해 풀면서 얻은 계산 실력을 바탕으로 어느 정도 문제를 해결할 수 있었습니다. 또 곱셈구구 암기를 통해서 곱셈 문제도 웬만하면 모두 해결할 수 있었습니다. 하지만 4학년 수학부터는 이야기가 달라집니다. 암기를 통해서 풀 수 있는 문제가 줄어들고 문제의 길이 또한 길어집니다. 설상가상으로 3학년 2학기 때 등장하는 분수의 개념을 이해하지 못하면 해결할 수 있는 문제가 거의 없습니다. 이전에 문제를 풀던 방법이 통하지 않음을 알게 되면서 수학을 포기하는 아이들이 나타나기 시작합니다.

두 번째 이유는 개념 이해가 수학 실력을 결정하기 때문입니다. 3학년 때까지도 분명히 개념 이해가 중요하다는 걸 알고는 있었지만, 많은 양의 단순 연산을 마구잡이로 풀면서 얻은 실력만으로도 문제를 해결할 수 있었으니 굳이 어려운 개념을 이해하려고 들지 않았습니다. 부모님도 아이가 문제를 잘 풀고 있으니 굳이 수학 습관을 점검해야겠다는 생각을 하지 못합니다. 하지만 4학년에 올라가서 아이의 수학 점수가 떨어지고 수학 과목을 힘들어하는 때가 오면 비로소 아차 싶어 마음이 조급해집니다. 4학년 수학에는 아이들이 가뜩이나 어려워했던 나눗셈, 분수 등의 개념이 심화되어 나오기 때문에 기본 개념을 제대로 이해하지 못한다면 문제를 해결하기 어렵습니다. 아이가 4학년이 되어 들고 온 수학 점수를 보고서야 비로소 학부모님도 '괜히 4학년 수학이 중요하다고 말하는 게 아니구나.'라는 것을 실감하게 됩니다.

예전에 한 학부모님과 4학년 수학의 중요성에 대해 이야기한 적이 있습니다. 그분은 근심이 가득한 표정을 짓고 제게 질문했습니다.

"선생님, 애가 벌써 6학년인데 어떻게 하죠? 4학년 때 수학을 제대로 학습하지 않았으면 앞으로 수학 공부를 제대로 할 수 없는 건가요?"

당연히 아닙니다. 앞으로 수학 공부를 제대로 할 기회는 얼마든지 있습니다. 하지만 이왕이면 4학년 이전에 제대로 방법을 익히고 적용하는 연습이 필요합니다. 늦어지면 늦어질수록 아이와의 마찰은 심해지고 아이가 수학을 포기할 가능성은 높아집니다. 이 시기를 놓친 후에 기초를 잡으려고 들면, 이미 놓쳐버린 개념을 이해하는 데 많은 시간과 노력을 투자해야 합니다.

사춘기가 시작되면 부모님과 선생님의 이야기는 잔소리로만 느껴집니다. 자기 공부는 자기가 알아서 한다며 참견하지 말라는 말로 대화를 단절하지요. 하지만 이미 잘못된 공부 습관을 가진 학생은 혼자서 절대로 실력을 쌓을 수 없습니다. 주변의 도움이 절실하게 필요합니다. 어떻게 잘못된 학습 방법을 고칠 수 있는지 구체적인 방법을 알려줘야 하기 때문입니다.

이 모든 것이 4학년 이전에 이뤄지면 좋습니다. 부모님과 선생님의 잔소리가 어느 정도 통하고 아이의 잘못된 공부 습관이 아직 굳어지기 전이기 때문에 언제든지 새롭게 시작할 수 있습니다. 이때 형성된 바른 공부 습관이 5~6학년까지 이어지면, 수학에 자신감을 얻은 아이들은 응용문제가 많고 개념 난이도 자체가 월등하게 높아지는 중학교 수학에도 금방 적응하게 됩니다.

저는 수학 문제를 잘 푸는 아이보다는 수학을 즐거워하는 아이들이 많아졌으면 좋겠습니다. 하지만 우리 아이들은 문제를 잘 풀지 못하면 수학을 즐거워할 수 없는 구조 속에서 공부하고 있습니다. 그래서 이 책에는 수학 문제를 잘 푸는 방법과 수학 공부 습관을 제대로 들이는 방법을 동시에 제시했습니다. 코앞에서 위협하는 큰 벽을 넘게 해주면 아이들 스스로 수학의 매력과 아름다움을 느낄 수 있게 되지 않을까 하는 생각 때문입니다. 당장 문제 풀 여유도 없는 아이들에게 "수학은 정말 아름다운 학문이야. 수학을 알아가는 것은 정말 즐거워."라고 아무리 외쳐도 우리 아이들과 학부모님의 귀에는 그저 현실을 모르는 외침이 될 수밖에 없습니다. 제 작고 작은 외침이 아이들에게 닿으려면 먼저 이 큰 벽을 넘을 수 있게 도와줘야 한다는 생각에 이 책을 쓰게 됐습니다.

저 역시 '나는 왜 이렇게 수학을 못할까? 왜 나는 교사로서 좋은 문제를 만들지 못하는 걸까?'라는 생각에 수학 문제집이 젖을 만큼 눈물을 흘린 적이 있습니다. 하지만 이런 답답하고 절망스러운 마음은 사나흘씩 고민하던 문제가 풀리는 그 순간 깨끗이 사라지고 말지요. 저는 학생 시절 수학 교과서 여섯 권을 매일매일 읽으면서 개념과 개념 간의 연결고리를 발견해내며 수학의 매력에 빠졌습니다. 수능 기출 문제를 분석하면서는 문제 분석의 매력에 빠졌고, 수능 시험 문제를 꼭 출제하고 싶다는 꿈도 꾸게 되었습니다. 이처럼 수학은 제 인생의 희로애락을 함께한 과목입니다. 그 행복감과 고민의 결과물을 이 책에 담았습니다.

이 책을 통해 우리 아이들이 수학 개념을 정교하게 이해하는 방법을 익히고 수학적 사고력을 기를 수 있기를 기대합니다. 선행보다는 예습을, 예습보다는 복습의 중요성을 알고 실천할 수 있길 바랍니다. 처음부터 다 이해할 수는 없습니다. 그래서 기다려야 합니다. 우리 아이들이 자신의 힘으로 수학을 학습할 수 있을 때까지 기다려주세요.

수학을 포기하게 놔두면 안 됩니다. 교사, 학부모, 아이 모두가 함께 힘을 합쳐서 수학을 포기하지 않고 즐겁게 공부할 수 있게 해야 합니다. 사교육에 아이를 맡긴 채 우리 아이의 수학 학습을 점검하지 않는 것은 바람직하지 않습니다. 학원에서 충족할 수 있는 영역이 있고, 학부모님이 할 수 있는 영역이 있습니다. 교사 또한 우리 학생들의 수학 공부를 위해 해야 할 게 있습니다. 우리 아이들이 수학이라는 허들을 뛰어넘는 모든 순간에 교사, 학부모는 함께 아이를 지켜보며 응원해야 합니다. 이 책은 교사로서 우리 아이들의 미래에 갖는 사명감의 표현입니다. 동시에 사랑하는 아이들이 수학이라는 과목을 즐겁게 학습하도록 돕는 해결책이 되었으면 좋겠습니다.

이 책에 깊은 애정을 가지고 응원해준 멀리깊이 박지혜 대표님께 감사드립니다. 책을 쓰는 동안 "좌쌤 할 수 있어요!", "수학은 네가 최고지!" 응원해준 참쌤스쿨 선생님들과 지인들에게 감사드립니다. 무엇보다 묵묵히 응원해주는 사랑하는 가족과 제 수학 인생에서 가장 중요한 사람, 경남 인평초등학교 감경준 선생님께 감사를 드립니다.

2021년 좌승협

아이 마음: 수학 그만 포기하고 싶어요

선생님 마음: 방법을 바꾸면 길이 보입니다

실천편:
수학, 반드시 잘할 수 있습니다

엄마 마음:

우리 아이 수학 걱정에 오늘도 애가 탑니다

4학년 이후의 수학은 뭐가 다른가요?

3학년까지 수학의 가장 큰 특징은 연산 연습만 열심히 해도 충분하다는 것입니다. 하지만 4학년 수학 익힘책에 단순 연산 학습으로는 해결되지 않는 나눗셈과 분수 문제가 나오기 시작하면서 아이들은 겁을 먹습니다. 4학년이 수포자의 출발점이라는 말은 괜히 나온 것이 아닙니다.

초등학교 수학 교육과정을 살펴보면 3학년까지의 저학년 수학과 4학년부터의 고학년 수학은 큰 차이가 없어 보입니다. 분수가 나타나기 시작하면서 분수의 사칙연산이 추가되고 도형을 좀 더 깊이 배울 따름이지요. 그런데 왜 저학년 때 공부했던 방법이 고학년에 이르면 효과가 없을까요?

첫째, 눈으로 풀 수 있는 문제가 사라집니다. 1학년 때 아이들이 받아올림이 있는 덧셈을 학습할 때 가장 지루해하는 것이 수를 가르기 해서 10을 만든 후 나머지 수와 더하는 과정입니다.

아이들은 교사가 받아올림이 있는 덧셈 개념을 설명하기도 전에 문제를 암산으로 해결합니다. 즉 이해하는 수학이 아니라 암기하는 수학을 합니다. 하지만 고학년 수학에서는 눈으로 풀 수 있는 문제가 거의 없습니다. 결국 연필로 식을 세우고 풀이 과정을 하나하나 분석하면서 해결해야 합니다. 그 결과, 계산 원리를 이해하고 나의 풀이 과정을 자신 있게 설명할 수 있어야 합니다.

둘째, 단순 연산이 통하지 않습니다. 아이들이 가장 어려워하는 수학 단원은 나눗셈과 분수라고 알려져 있습니다. 이 중 분수는 3학년 2학기 때 학습합니다. 새로운 개념을 받아들일 준비가 되어 있는 학생은 분수를 그림으로 표현해보면서 분수의 개념을 이해하려고 노력합니다. 하지만 3학년까지 공부했던 습관에 익숙한 학생은 분수의 개념을 이해하기보다는 비슷한 유형의 문제를 반복해서 얻게 된 스킬만을 적용합니다.

셋째, 문제의 난이도가 높아집니다. 문제를 출제하는 입장에서는 저학년 수학 문제를 출제할 때보다 고학년 학생의 수학 문제를 출제할 때 좀 더 수월합니다. 다양한 수학 개념을 섞어서 출제할 수 있고, 단순 계산 문제를 지양하고 학생이 해당 수학 개념을 제대로 이해하고 있는지 판단할 수 있는 문제를 출제할 수 있기 때문입니다. 다음 페이지에 제시한 3학년 2학기 수학 익힘책 6번 문항과 4학년 1학기 수학 익힘책 6번 문항만 봐도 난이도 차이가 있다는 걸 알 수 있습니다. 공식을 암기하고 비슷한 유형의 문제를 여러 번 풀면 3학년 수준의 문제는 충분히 해결할 수 있습니다. 하지만 4학년 1학기 수학 익힘책 문제는 문제를 독해한 후에 내가 구하고자 하는 걸 파악하고 식을 세운 후 계산을 해야 합니다. 즉 1학년에서 3학년 때까지는 한두 단계만 거치면 답이 나왔지만 4학년 때부터는 많은 단계를 거쳐야 답이 나옵니다. 이렇게 난이도가 높아지면 아이들은 수학을 포기합니다. 수학을 포기해야겠다고 느끼는 순간, 더 이상 수학 수업 시간에 집중하기 어렵습니다.

더 큰 문제는 수학은 기초 개념이 없으면 새롭게 배우는 개념을 이해할 수 없는 과목이라는 것입니다. 즉 수학 개념은 연속성을 지니고 있기 때문에 하나의 고리라도 제대로 연결되지 않으면 개념을 이해할 수 없습니다. 그러므로 4학년 때부터라도 수학 학습법을 제대로 익히고 적용하는 습관을 키워야 합니다. 즉 이전까지 학습한 수학 공부와는 다른 수학 공부 방법을 적용해야 합니다.

넷째, 문제를 이해하는 일부터 어려워집니다. 저학년 수학에서는 개념을 이해하지 못해도 반복해서 문제를 풀면 어느 정도 문제를 해결할 수 있었습니다. 단순 연산만으로도 성적을 올릴 수 있었지요. 하지만 4학년 이후부터는 이 방법을 적용할 수 없습니다. 다양한 그림과 표를 활용해 개념을 이해

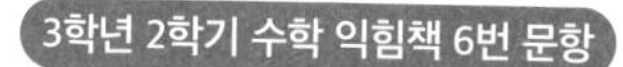

어떤 수를 3으로 나누었더니 몫이 9, 나머지가 2가 되었습니다. 어떤 수는 얼마일까요?

( )

4학년 1학기 수학 익힘책 6번 문항

표를 보고 450보다 큰 수 중에서 50으로 나누었을 때 나머지가 8이 되는 가장 작은 수를 구하고, 어떻게 구했는지 설명해보세요.

나눗셈식	몫	나머지
450÷50	9	0
451÷50	9	1
452÷50	9	2
⋮	⋮	⋮
□÷50	9	8

해야 합니다. 단순히 개념 설명 한 줄을 읽고 끝낼 수 없지요. 공식에 수를 넣는 것을 넘어서 공식이 나오기까지의 과정을

알아야 합니다. 수능 문제만 보더라도 문제 지문이 상당히 깁니다. 문제를 몇 번이나 읽고 나서야 어떻게 풀어야 할지 감잡을 수 있습니다. 국어에만 독해력이 필요한 게 아닙니다. 모든 과목에서 독해력은 필수입니다. 그러므로 우리 아이가 개념과 문제를 제대로 이해하지 못한다면 독해력을 키워야 합니다. 문제를 많이 풀기보다는 책을 많이 읽어야 합니다. 문제집만 많이 풀어서는 독해력을 키울 수 없습니다. 다양한 책을 꼼꼼히 읽는 습관이 필요합니다.

수학 개념은 연속성을 지니고 있기 때문에 하나의 고리라도 제대로 연결되지 않으면 개념을 이해할 수 없습니다. 그러므로 4학년 때부터라도 수학 학습법을 제대로 익히고 적용하는 습관을 키워야 합니다.

우리 아이만 수학을 못하는 것 같아요

저학년 과정에서 수학 개념을 제대로 이해하고 4학년에 올라온 학생과 아닌 학생 간의 수학 실력 차이는 점점 커지기 시작합니다. 개념을 이해한 학생은 계산 과정을 직접 써가며 설명할 수 있고, 각 단계의 의미를 파악합니다. 하지만 그렇지 못한 학생은 왜 이런 과정을 거쳐 문제를 푸는지 설명하지 못하는 것은 물론 내가 지금 사용하고 있는 수학 개념이 무엇인지도 알지 못합니다.

4학년 1학기에 나와 있는 '세 자리 수에 두 자리 수를 곱해볼까요' 차시의 교과서 활동을 예로 들어보겠습니다. 수학 개념을 이해하는 방법을 아는 학생은 교과서의 그림과 계산 방

세 자리 수에 두 자리 수를 곱해볼까요

● 우리나라 사람 24명이 하루에 사용하는 물의 양을 계산해보세요.

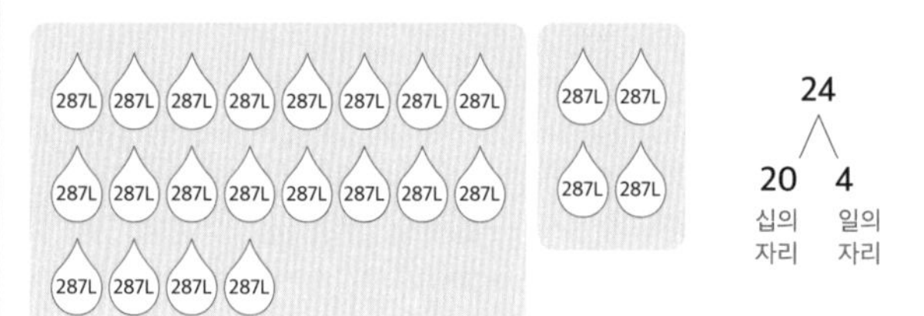

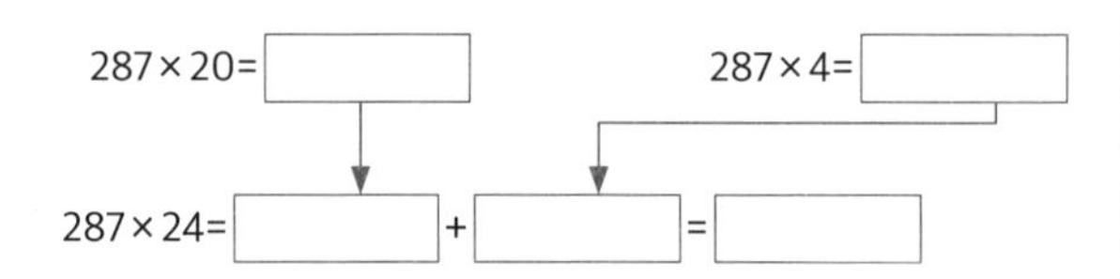

● 287×24를 세로로 계산하는 방법을 설명해보세요.

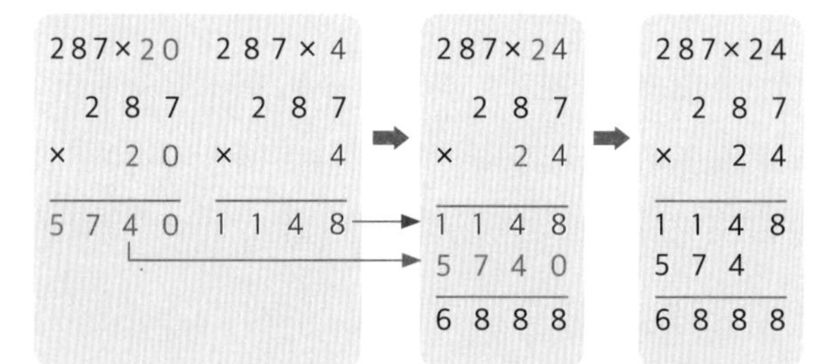

2015 개정 4학년 1학기 수학 교과서 64쪽

법을 이해하고 설명할 수 있습니다. 왜 교과서에서는 287×24를 풀이하면서 24를 20과 4로 가르는지를 말이지요. 반면에 개념을 이해하는 습관을 갖고 있지 않은 학생은 이와 같은 과정을 생각하기 싫어합니다. '괜히 20과 4를 나누지 말고 풀이 방법을 그대로 암기하면 되는 거 아닌가?'라고 생각합니다. 몇몇 학부모님께서도 간단한 문제를 왜 이렇게 어렵게 가르치냐고 반문하실 때가 있습니다.

우리 아이들이 앞으로 만나게 될 문제 중에는 간단한 연산 문제도 있지만 식을 세우고 조건을 하나하나 따져서 해결해야 하는 문제가 있습니다. 이와 같은 문제는 단순히 계산 알고리즘을 적용한다고 해결되지 않습니다. 알고리즘의 원리를 파악해야만 식을 세우고 해결할 수 있습니다. 수학 문제 하나에는 다양한 풀이 방법이 존재합니다. 개념을 이해한 학생은 한 문제를 풀더라도 다양한 풀이 방법을 활용해서 문제를 해결합니다. 이 과정에서 문제해결력, 추론 능력, 수학 사고력이 향상됩니다. 이제 부모님께서는 아이가 수학을 못하는 것이 아니라 안 하고 있다고 생각하셔야 합니다. 또한 수학을 공부하는 '진짜' 방법을 아이와 함께 고민해볼 필요가 있습니다.

우리 아이의 수학 실력이 유독 떨어지는 것 같다는 걱정을 덜어내기 위해서는 아이의 수학 공부 습관을 확인해야 합니다. 3학년 때까지 통했던 수학 공부 방법은 이제 바꿔야 합니다. 이제까지 제법 해냈으니 4학년 때도 잘할 것이라 기대하기보다는 우리 아이가 수학을 제대로 공부하고 있는지 점검하고 공부 습관을 제대로 형성할 수 있게 도와줘야 합니다.

수학은 우리나라 입시 교육에서 가장 중요한 과목입니다. 수학을 공부하는 이유가 오로지 좋은 대학에 가기 위해서라면 문제가 되겠지만, 수학이 여전히 좋은 대학을 가기 위한 수단 중의 하나인 것은 부정할 수 없습니다. 이런 이유로 수학만큼은 남들에게 뒤쳐지지 않게 하려고 애쓰고 계실 겁니다. 하지만 학부모님의 바람과는 다르게 아이의 수학 실력은 향상되지 않고, 주변 아이들보다 뒤처지는 우리 아이를 비교하기 시작합니다. '같은 교재, 같은 선생님, 같은 학원을 보냈는데 왜 우리 아이 수학 성적만 그대로일까?', '다른 문제집을 사서 풀게 할까?', '주변에 수소문해서 유명한 수학 학원에 보내볼까?'와 같은 고민을 쉬지 않고 하게 되지요.

정말 우리 아이만 수학을 못하는 것일까요? 절대 아닙니다. 우리 아이는 아직 공부하는 방법을 모르고 있을 뿐입니다. 수학 개념을 나만의 언어로 정리해내지 못하기 때문에 실력 향상이 나타나지 않는 것입니다. 조금 늦더라도 확실한 방법으로 수학을 공부할 수 있도록 도와줘야 합니다. 새로운 문제집, 새로운 학원, 새로운 선생님이 아니라 우리 아이에게 맞는 수학 학습법을 찾고 아이를 옆에서 끝까지 지켜봐줘야 합니다. 이런저런 도구를 무리하게 제공하기보다는, 아이의 옆에서 함께 수학을 공부하는 친구 역할을 해주면 됩니다. 아이 대신 문제를 풀어주지 않아도 됩니다. 문제는 아이가 풀어야 합니다. 우리 아이가 수학 공부를 제대로 하고 있는지 점검하고 격려하는 것만으로도 충분합니다.

다른 아이와 비교하기 시작하면 한도 끝도 없습니다. 옆집의 그 아이도, 분명 수학을 잘하기까지 수없이 노력하고 실패했을 것입니다. 처음부터 잘하는 아이는 없습니다. 자신만의 방법을 찾고 수학에 일정 부분 시간을 투자했기 때문에 수학 실력이 향상된 것입니다. 집중해서 시간을 투자하도록 도와주세요. 억지로 앉아서 연필을 잡고 비슷한 유형의 문제 풀이만 반복하는 것은 좋지 않습니다.

우리 아이 문제집 점검표

아이의 수학 교과서와
문제집을 한 번 펼쳐보세요

아이가 비슷한 문제를 반복해서 풀고 있지는 않나요?	
아이가 계산 원리를 제대로 이해하고 문제를 해결하고 있나요?	
수학 개념을 물었을 때 자신 있게 설명할 수 있나요?	
수학 공부하는 방법 대신 계산하는 수학을 알려주고 있진 않나요?	
수학 개념을 충분히 다시 학습한 후 문제를 풀기 시작하나요?	
틀린 문제를 다시 한 번 확인하고 넘어가나요?	
다양한 방법을 활용해서 문제를 해결하고 있나요?	
첫 단원만 열심히 풀고 뒤로 갈수록 문제집이 깨끗하진 않나요?	
문제를 제대로 읽으며 풀고 있나요?	

우리 아이는 아직 공부하는 방법을 모르고 있을 뿐입니다. 새로운 문제집, 학원, 선생님이 아니라 새로운 학습법과 관심이 필요합니다.

과연 교과서만 공부해도 충분할까요?

매해 수능이 끝나면 각 언론사에서는 만점자 인터뷰를 합니다. 수능 만점자들이 백이면 백 하는 말은 교과서 위주로 공부하고 학교 수업을 열심히 들었다는 것입니다. 해당 기사의 댓글을 유심히 보면 '나도 교과서만 봤는데 왜 난 만점을 못 받았을까.', '분명히 따로 사교육을 했겠지.'와 같은 자조와 추측성 글들이 주를 이룹니다. 대부분은 교과서와 학교 수업만으로 만점을 받았다는 기사 내용을 믿지 않습니다.

하지만 수학 공부의 기본이 교과서인 것만은 분명합니다. 교과서가 왜 중요할까요? 현재 우리나라 초등학교 교과서는 국정 교과서입니다. 중·고등학교부터는 검정 교과서,

즉 여러 출판사에서 나온 교과서 중에 각 학교가 선택한 교과서로 수학을 학습합니다. 초등학교의 경우 2022년부터 3~4학년 과정이 검정 교과서로 바뀝니다. 이후 2023년에는 5~6학년 과정도 검정 교과서로 바뀝니다. 초등학교에서도 검정 교과서로 학습하게 되면 초등학교마다 사용하는 수학 교과서 출판사가 달라지게 되지요(현재는 음악, 미술, 체육, 영어, 실과 과목만 검정 교과서를 사용합니다). 교과서는 학생들의 수준과 학습 환경을 고려해서 집필합니다. 개념 설명 방법부터 시작해서 활동 1, 2, 3의 배치까지 수학 개념을 가장 이해하기 좋게 구성합니다. 개념을 단순하게 요약해서 설명하는 문제집과는 다릅니다.

교과서 매 차시의 첫 부분에서는 이날 배우는 수학 개념을 활용해야 하는 문제 상황을 제시합니다. 아이들은 종종 "왜 덧셈을 배워요?", "왜 나눗셈을 배워요?"와 같은 질문을 합니다. 이 모든 질문의 답이 교과서 매 차시 가장 첫 부분에 제시됩니다.

다음으로는 수학 개념을 이해하는 방법을 그림, 표, 글 등을 활용해서 학생에게 설명합니다. 학생은 이 과정에서 수학 개념을 단계별로 이해하는 습관을 길러야 합니다. '왜 이렇게 설명할까?', '왜 갑자기 수를 가르기 하는 거지?', '그

교과서 도입 부분 예시

미술 시간에 고무찰흙 70개를 한 명당 5개씩 나누어주려고 합니다. 고무찰흙을 몇 명에게 나누어줄 수 있을지 생각해봅시다.

- 몇 명에게 나누어줄 수 있을지 어림해보세요.
- 어떻게 구하면 되는지 식으로 나타내어보세요.

림과 표를 보고 개념을 이해해야겠다.'와 같은 질문과 생각을 해야 합니다. 단순히 네모 박스에 정리된 공식을 읽는 것에서 벗어나 공식이 나오기까지의 과정을 파악하고 스스로 노트에 정리하는 것이 무엇보다 중요합니다.

문제집 앞쪽에 간략하게 설명되어 있는 개념을 읽고 암기해서 문제를 해결하는 것은 수학 공부에 큰 도움이 되지 않습니다. 과정은 생략되고 결과만 나와 있는 요점 정리는 이해가 아닌 암기로 수학을 학습하는 방법입니다. 암기하는 수학의 가장 큰 문제점은 응용문제를 해결할 수 없고, 학생의 수학 흥미를 떨어트린다는 것입니다.

수학 학습에서 가장 중요한 자세는 다음과 같습니다.

첫째, 오늘 공부할 수학 개념이 어디에 사용되는지 알아야 합니다. 교과서 각 차시의 도입 부분은 학생의 흥미를 이끌고 학습 동기를 유발할 수 있게 구성되어 있습니다. 이 부분을 읽고 우리 생활 속에 이와 비슷한 사례가 있는지 생각해보고 어떻게 해결하면 좋을지 생각하는 시간이 반드시 필요합니다. 단순히 읽고 넘어가는 게 아니라 나의 경험과 연결시켜보고 해결 방법을 스스로 생각해봐야 합니다.

둘째, 교과서를 여러 번 읽어야 합니다. 국어 공부할 때만 독해력이 필요한 것이 아닙니다. 수학은 글, 그림, 표, 도형 등 다양한 방법으로 개념을 설명합니다. 몇몇 학생들은 개념을 이해하는 과정이 귀찮고 힘들어서 네모 박스에 나와 있는 개념과 공식만 읽고 문제를 풉니다. 이러한 모습은 독해력이 낮은 학생에게도 나타나지만 선행학습을 많이 한 학생에게도 나타납니다. 이미 알고 있는 개념을 또 읽기 싫고 자신에게 주어진 문제를 빨리 해결하고 놀아야겠다는 마음이 앞서기 때문입니다. 하지만 수학 개념을 한 번 읽고 이해하기는 어렵습니다. 교과서를 여러 번 읽다 보면 처음 읽었을 때와 다르게 개념이 머리에 정리될 때가 있습니다. 왜 이 그림을 사용했는지, 왜 이 같은 표를 사용했는지, 왜 수를 가르기 또는 모으기 했는지, 이전에 학습한 개념과 어떻게 연결되어 있는지 등을 자연스럽게 이해할 수 있습니다. 수학 개념은 한 번 읽고 이해하기 어렵습니다. 그러므로 교과서를 여러 번 읽으면서 이해하고 확실히 이해했는지 점검해야 합니다.

그렇다면 수학 교과서를 여러 번 읽고, 익힘책에 나와 있는 수학 문제만 열심히 풀면 되는 걸까요? 아닙니다. 교과서와 익힘책은 학습 부담량 경감과 난이도 조정 등의 이유로 문항의 수가 적고, 난이도 또한 높지가 않습니다. 어려운 문제를 푸는 게 능사는 아니지만, 어려운 문제를 통해 자신이 학습한 개념을 정교하게 다듬고 도전적인 태도를 기를 필요가 있습니다. 예를 들어 학생들은 5학년 1학기 6단원에서 삼각형의 넓이를 구하는 방법을 아래 네모 박스를 통해 학습한 후 교과서와 익힘책 문제를 해결합니다. 교과서와 익힘책에 다양한 삼각형 모양이 주어져 있지만 분량에 한계가 있습니다. 아래 세 개의 삼각형 중 아이들이 가장 어려워하는 삼각형은 마지막 삼각형입니다. 보조선을 그어서 높이를 설정해야 하기 때문이죠. 하지만 응용문제에는 마지막 삼각형에 사용한 보조선을 그리고 높이 또는 밑변을 찾는 문제가 자주 출제됩니다. 따라서 문제집을 통해 다양한 삼각형을 경험하고 문제를 해결해나가면서 삼각형 넓이를 구하는 개념과 방법을 정교화할 필요가 있습니다.

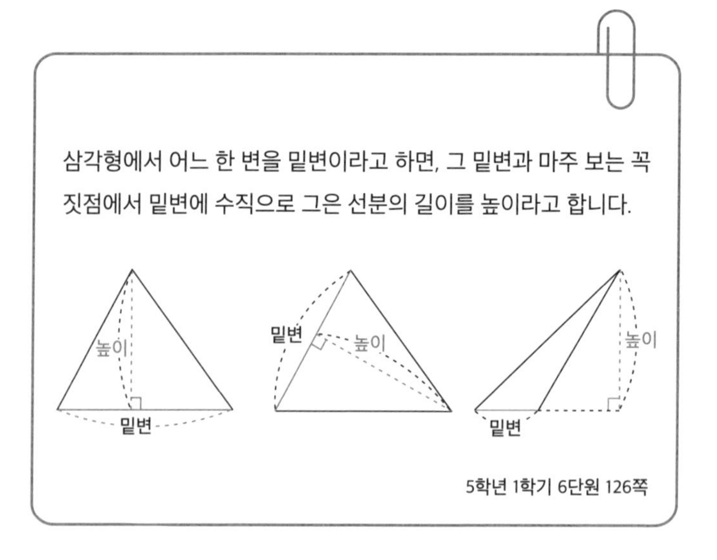

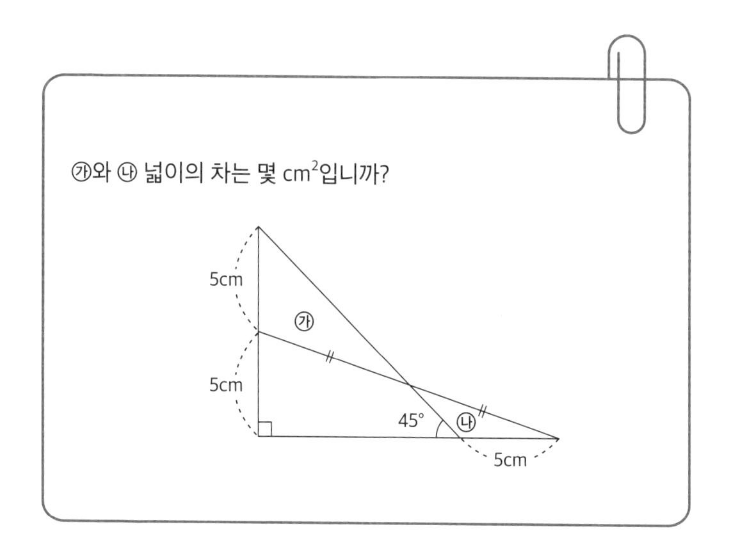

그러므로 문제집이라는 보조 도구도 꼭 필요합니다. 아이의 수준에 맞는 문제집 한 권을 선택해서 꼼꼼하게 풀고 틀린 문제는 왜 틀렸는지 분석하고 고쳐야 합니다. 또 어려운 문제를 바로 풀지는 못하더라도 오랜 시간 동안 한 문제를 생각하는 습관이 필요하기 때문에 다양한 난이도의 문제가 있는 문제집을 한 권 정도 풀 필요가 있습니다.

앞서 말씀드렸다시피 2022년부터 3~4학년 검정 수학 교과서가 발간됩니다. 학교마다 사용하는 수학 교과서의 출판사가 달라질 예정입니다. 수능을 준비하는 학생들의 경우 교과서를 한 권만 구입하지 않고 개념 설명이 좋고 문제 난이도가 있는 출판사의 교과서를 추가로 구입해서 봅니다. 그 이유는 같은 개념을 학습하더라도 다른 교과서를 통해서 새롭게 발견할 수 있는 부분이 있고 부족한 설명을 보충할 수 있기 때문입니다. 아이들이 수학 교과서를 반복해서 보지 않으려는 이유는 아마도 재미가 없기 때문일 것입니다. 분명 봤던 내용인데 또 봐야 하기 때문이지요. 그러므로 검정 교과서로 바뀌게 되면 학교에서 선정한 출판사 교과서 이외에 두세 개의 다른 출판사 수학 교과서와 익힘책을 사는 것도 좋은 방법이 될 것이라 생각합니다.

어디까지나 수학 공부의 기본은 교과서입니다. 문제집은 개념을 단순하게 요약해서 설명할 뿐, 교과서처럼 명확하게 개념을 설명하고 그에 맞는 문제를 배치해 이해를 돕기 어렵습니다.

학원에 보내도 성적이 안 오르네요

이 책을 읽고 있는 많은 학부모님의 자녀들과 마찬가지로 제가 가르치고 있는 대부분의 학생이 방과후교실에 속해 있거나 수학과 영어 학원에 다니고 있습니다. 이 중 수학 학원에 다니고 있는 아이들과 이야기를 나눠본 적이 있습니다.

"수학 학원에 왜 다니는 거야?"라고 물으면 "엄마가 다니래요.", "반 친구들이 많이 다녀서요.", "아빠가 저 수학 못하니까 학원가서 배우고 오래요.", "학교 끝나고 집에 가도 아무도 없어서요." 등 다양한 대답이 나옵니다. "수학 공부를 하고 싶어서요."라고 대답하는 아이는 한 명도 없습니다. 모두 타의로 학원에 다니고 있지요.

아이들이 어릴 때에는 많은 어른들이 "우리 철수 커서 하고 싶은 일 하고 살아라."와 같은 덕담을 합니다. 즉 타의로 시킨 일보다는 내가 하고 싶은 일을 하고 살라는 말입니다. 남이 시키는 일을 하면서 행복하기란 어려운 법이니까요. 그러나 대부분의 아이들은 학원을 자의로 선택하지 않기 때문에 학원 스트레스에 시달립니다. 학원 숙제, 잔소리, 귀찮음, 진도에 대한 부담, 선생님과의 관계 등 복잡한 문제들이 얽혀서 아이들을 힘들게 만듭니다.

학원에 보내는 게 성적을 올리는 해결책은 아닙니다. 학원을 보낸 이후에 아이들을 어떻게 관리하는지가 더욱 중요합니다. 학원은 아이가 모르는 부분을 알려주고 학교가 끝난 후에 남는 시간을 효율적으로 보낼 수 있게 도와줍니다. 하지만 이 과정에서 아이가 모르는 부분을 선생님께 여쭤보고 확실히 이해하고 왔는지를 확인하는 것은 부모님께서 해주셔야 합니다. 우리 아이의 수학 학습을 전적으로 학원에만 맡길 것이 아니라 학원에서 학습한 내용을 집에서 이야기 나누어보고 모르는 부분이 있으면 알려줘야 합니다. 오늘 배운 내용을 설명해줄 수 있는지 물어보면 좋습니다. 처음에는 아이들이 부담을 느끼고 귀찮아서 말을 안 할 수 있습니다. 그러나 반복해서 대화를 하면 아이들도 자신이 아는 내용을 누군가에게 설명하는 기쁨을 느낄 수 있습니다. 몇 번만 유도해도 아이들은 금세 설명하는 재미를 느낄 수 있을 것입니다.

학원은 한 아이를 위해 운영하지 않습니다. 여러 명의 아이를 대상으로 수업을 하기 때문에 한 아이에게 집중할 수 있는 시간은 길지 않습니다. 그렇기 때문에 아이 스스로 집중해야 하고 자신이 모르는 부분을 알기 위해 노력해야 합니다. 하지만 아이들은 우리의 기대와 다르게 능동적으로 학원 생활을 하지 않습니다. 정해진 시간에 와서 정해진 시간에 끝나는 패턴에 익숙해져 있기 때문에 수업이 끝나서 선생님께 질문하거나 미리 학원에 와서 오늘 배울 내용을 살펴보지 않습니다. 능동적으로 학습했을 때의 성취감과 기쁨을 맛보지 못했기 때문입니다.

학원을 다녀도 성적이 오르지 않는 문제점을 해결하기 위해서 몇 가지 제안을 드립니다.

첫째, 어떤 학원을 다니면 좋을지 우리 아이와 이야기 나누어보세요. 아이와 학교 주변 또는 집 주변 학원을 같이 돌아다녀 보고 이야기 나누어주세요. 학원 선택 과정에서 자신이 참여하고 있다는 걸 알아야 합니다. 직접 선택한 학원에 다님으로써 책임감을 갖고 능동적으로 학습할 수 있습니다.

둘째, 학원 수업이 끝난 후 반드시 5~10분 그날 배운 내용을 복습할 수 있도록 해주세요. 학원 수업이 끝나면 친구들과 놀고 싶기 때문에 바로 책을 덮어버립니다. 수업이 끝난 후 하는 복습 5~10분이 한 시간 공부보다 효과적입니다. 오늘 내가 푼 문제 중 잘 안 풀린 문제를 다시 풀어보거나 선생님이 설명한 수학 개념을 다시 한 번 백지에 적어보면 좋습니다.

셋째, 오늘 푼 문제 중 어려웠던 문제 또는 다시 풀어봐야 하는 문제를 핸드폰으로 사진 찍거나 메모지에 옮겨 적도록 해주세요. 학원 수업이 끝난 후에는 틀린 문제를 다시 푸는 게 중요합니다. 하지만 아이들은 틀린 문제를 다시 풀고 싶어 하지 않습니다. 틀린 문제를 제대로 확인하지 않고 넘어가면 추후 비슷한 유형의 문제를 또 틀리는 악순환이 시작됩니다. 일단 오늘 푼 문제 중에서 틀린 문제를 핸드폰으로 사진 찍습니다. 그리고 틈틈이 틀린 문제를 확인합니다. 이 과정이 습관이 되면 틀린 문제의 원인을 파악하고 수학 문제를 해결하는 집중력이 높아집니다. 아이들이 핸드폰을 활용하는 시간이 길어지고 있습니다. 이 시간을 억제하지 못한다면 차라리 핸드폰을 활용하는 시간을 효율적으로 보낼 수 있게 만들어줘야 합니다. 지난 해 〈유 퀴즈 온 더 블록〉이라는 예능 프로그램에 서울대 의대생 한 명이 출연한 것을 본 일이 있습니다. 어떻게 그렇게 공부를 잘할 수 있었는지 묻는 진행자의 질문에, 그 학생은 '수학 한 문제를 풀기 위해 6개월 동안 고민한 적이 있다.'고 말했습니다. 그 한 문제를 고민하는 기간에 수학 실력이 크게 향상된 것 같다고도 설명했습니다. 이처럼 한 문제에 집착하고 해결하는 과정이 앞으로의 수학 학습에 매우 중요합니다. 6개월 만에 해답을 찾아냈을 때, 아마도 그는 엄청난 쾌감과 함께 수학에 대한 자신감과 더 큰 흥미를 느꼈을 것입니다.

넷째, 칭찬해주세요. 힘들게 학원에 다녀온 아이에게는 보상받고 싶은 심리가 있습니다. 그래서 괜히 투정을 부리고, 컴퓨터 게임 또는 휴대전화, 텔레비전 등에 시간을 할애하려고 합니다. 이때 잔소리를 하기보다는 학교와 학원 다녀오느라 고생했다는 마음으로 다독여주세요. 또 학교와 학원에서 있었던 일도 물어보고 오늘 배운 걸 간단하게라도 설명해달라고 하세요. 아이가 귀찮아할 수 있지만 이 과정에서 아이들은 오늘 공부한 내용을 복습합니다. 내가 아는 내용을 설명하는 과정을 통해 내가 아는 것과 모르는 것을 알게 되기 때문에 아이의 학습 능력이 향상됩니다. 잘 모르는 부분이 있으면 부모님과 함께 알아보고 같이 이야기 나누어가면서 보충하면 좋습니다.

다섯째, 학원 선생님과 자주 이야기를 나누어보세요. 우리 아이가 학원에서 수업을 잘 받고 있는지, 부족한 점은 무엇인지, 잘하는 건 무엇인지 상담하세요. 보통 아이들은 학교나 학원, 집에서 보이는 모습이 조금씩 다릅니다. 집에서는 열심히 공부를 하는 아이가 학교와 학원에서 안 하는 경우도 있고 집에서는 공부를 안 하고 조용한 아이가 학교와 학원에서 공부를 열심히 하고 발표도 잘하는 경우가 있습니다. 즉 부모님과 함께 있을 때 보이는 모습이 우리 아이의 실제 모습과 다를 수 있습니다. 그렇기 때문에 학원 선생님과 이야기를 나누는 것은 중요합니다.

마지막으로 한 가지 주의할 것이 있습니다. 학원은 부족한 부분을 보충한다는 생각으로 보내는 것이 좋습니다. 학원에서 학습하는 내용이 선행교육으로 변하는 순간 학교 수업에 참여하지 않고 혼자 앞서서 문제를 푼 후 멍 때리게 됩니다.

아이의 성적은 학원을 보내서 오르는 게 아니라 아이의 공부 습관이 형성될 때 오른다는 것을 꼭 기억해주세요.

아이가 학원을 선택하는 주체가 되게 해야 합니다. 아이가 직접 학원을 선택하고 학원 공부에 능동적으로 임할 수 있도록 도와주세요. 공부의 가장 큰 도우미는 학원이 아니라 능동적으로 공부한 후 얻는 성취감입니다.

아이가 100점을 맞아도 만족이 안 돼요

아이가 초등학교에 입학해서 맨 처음 100점을 받아오는 시험지는 아마 받아쓰기일 것입니다. 아이의 당당한 표정과 기쁜 표정을 보면 우리 부모님의 마음도 행복해집니다. 하지만 첫 100점을 받은 날과 다르게 100점 받는 횟수가 늘어날수록 기쁘고 벅찬 마음도 사라집니다. 아이는 칭찬받고 싶은 표정을 짓지만, 첫 100점 받았을 때와 같은 칭찬과 보상이 주어지지 않습니다. 같은 일이 반복되면 그 일에 느끼는 감정이 처음과 같지 않은 건 당연합니다. 그러다가 한 번이라도 100점을 놓치게 되면 속상한 마음에 잔소리도 하게 되지요. 이후부터는 100점을 계속 받아도 언제 다시 성적이 떨어질까 걱정

되는 마음에 100점이라는 점수에 크게 만족하지 못합니다. 사람의 욕심은 끝도 없다고 합니다. 항상 100점을 받아오던 아이에게는 이후에도 당연한 듯이 100점을 받아오기를 요구하게 되지요.

요즘에는 많은 학부모님도 아이가 보는 시험의 난이도와 평가의 중요성을 잘 알고 있습니다. 반에서 단원 평가가 있는 날이면 으레 '우리 아이가 몇 점을 받았다.', '이번에는 문제가 쉬웠다.' 또는 '어려웠다.'고 학부모님들끼리 이야기를 나누는 경우가 많습니다. 난이도가 쉬운 평가에서 100점을 받아오면 기쁘지만 큰 만족감은 없습니다. 반대로 어려운 평가에서 100점을 받아오면 '우리 아이가 공부를 잘하고 있구나.' 안도하는 한편, '이렇게 잘하는 애를 좀 더 공부시켜야 하지 않을까?', '여기서 칭찬을 해주면 아이가 방심해서 다음 시험에 열심히 안 하지 않을까?'라는 걱정을 품습니다.

그 어느 때보다 교육 정보가 넘쳐나는 시대입니다. 학부모님이 접근할 수 있는 정보의 양도 점점 더 많아지고 있지요. 정보가 많으면 많을수록 부모님의 마음도 불안해집니다. 남보다 빠르게 좀 더 앞선 교육을 하려고 하기 때문입니다. 그러나 이러한 불안함은 곧바로 아이를 압박하는 결과로 이어집니다. 많은 정보 덕분에 얻는 것도 있지만 잃는 것도 많습니다. 정보의 객관성, 정확성을 먼저 따져봐야 함에도 불구하고 일단 아이에게 필요한 지원이라고 느끼게 되면 모든 정보를 감정적으로 받아들입니다. '우리 아이만 늦은 거 아닐까?', '지금이라도 빨리 선행학습을 해야 하는 건 아닐까?'와 같은 두려움에 휩싸이게 되지요.

예를 들어 4학년 2학기 때 5학년 수학을 다 끝내지 않으면 중학교 수학에도 영향을 준다는 정보를 들었다고 가정해보겠습니다. 이때 이 정보를 객관적으로 판단하지 않은 채 받아들이게 되면 아이의 수학 수준을 파악하지 않고 무리해서 선행학습을 하게 됩니다. 무리한 선행학습은 수학의 흥미를 떨어뜨리고 돈과 시간을 낭비하게 만듭니다. 학원에서 수업은 듣지만 정작 개념을 내 것으로 만들지 못한 채 고개만 떨구는 아이가 되는 것입니다. 우리 아이가 100점을 받아도 만족을 하지 못하는 건 학부모님께 불안한 마음과 아이가 계속해서 100점을 맞아야 한다는 압박감이 있기 때문입니다.

아이가 푼 시험 문제가 어떤 내용이고 우리 아이가 어떻게 문제를 풀었는지 살펴보세요. 시험지에 또박또박 적힌 우리 아이의 예쁜 글씨들과 이 문제를 풀기 위해서 아이가 한 노력을 떠올려보세요. 100점을 맞지 않아도 충분히 예뻐 보이고 기특해 보입니다. 틀린 문제가 있다면 왜 틀렸는지 같이 이야기해보고 맞은 문제도 그냥 넘기지 말고 어떻게 풀었는지 하나하나 확인해보세요. 함께 시험 문제를 점검하고 나면 아이가 받아온 점수가 너무나 고맙고 행복해집니다.

아이가 혼자서 열심히 풀어서 얻은 점수를 인정해야 합니다. 지금의 시험 점수가 앞으로의 인생을 결정한다고 생각하기보다는 아이와 함께 시험지를 살펴보면서 엄마, 아빠가 옆에서 지켜주고 있다는 믿음을 주는 것이 무엇보다 중요합니다. 찍어서 만든 100점이 아닌 모든 시험 문제를 정확한 개념과 수학적 사고를 활용해 풀어낸 100점을 받아야 합니다. 100점은 혼자서 만들 수 없습니다. 아이와 학부모님이 함께 만들어 나갔을 때 기쁨은 물론 성취감 또한 배가 될 것입니다.

시험 점수보다는 시험지에 담긴 아이의 노력을 살펴봐주세요. 또박또박 눌러쓴 글씨에 담긴 아이의 정성을 보게 된다면, 100점보다 더 중요한 아이의 사랑스러운 얼굴이 보입니다.

중학교 선행학습,
어떻게 하면 좋을까요?

우리나라는 다른 나라에 비해서 복습보다 선행학습을 중요하게 생각합니다. 학교와 많은 수학 교육자들이 선행학습보다는 복습을 해야 한다고 강조하지만, 정작 학부모님들은 선행학습을 위해 아이들을 학원에 보냅니다. 이전에 학습한 내용을 복습시키기 위해 아이들을 학원에 보내는 경우는 많지 않습니다.

유치원을 졸업하고 초등학교에 입학한 아이들은 한글과 수 세기 정도를 미리 학습하고 옵니다. 이때까지는 부모님들도 아이의 학습 수준을 크게 신경 쓰지 않습니다. 학교 가면 나아질 것이라 생각합니다. 또 아직 어리니까 괜찮다는 마음을 갖고 계십니다. 하지만 4학년쯤 되어 아이들의 학습 수준을 알게 되면 불안감을 느낍니다. 또래 어머니들에게 유명한 선생님, 교재, 학원을 수소문해서 아이를 억지로 학원에 보냅니다.

이때부터 선행학습이 시작됩니다. 안 그래도 수학이 어렵다고 느끼기 시작한 아이들을 떠밀어 5학년 또는 6학년 수학을 선행시키기 시작합니다. 이 과정에서 선행학습의 효과를 보는 학생도 물론 있습니다. 그러나 많은 아이들이 학원 진도를 따라가는 것만으로도 버거워 합니다. 이해하기보다는 공식을 암기하기 때문에, 수시로 공부의 흐름이 끊기고 내가 무엇을 배우는지조차 파악하지 못합니다.

학부모님의 불안도 끝이 없습니다. 6학년 2학기가 되면 중학교 입학에 대한 걱정이 시작됩니다. 자연스럽게 중학교 수학을 선행하기 시작합니다. 제가 6학년 담임을 하던 해에는 반 아이 24명 중 20명이 중학교 수학을 선행하고 있었습니다. 쉬는 시간에는 중학교 수학 문제집이나 영어 단어장을 꺼내 공부하는 아이들로 가득했고요.

만약 학부모님께서 “어느 정도로 공부를 해야 중학교에서 우리 아이가 뒤처지지 않을까요?”라고 물으신다면 저는 이렇게 답을 드리고 싶습니다.

중학교 수학은 초등학교 수학과 개념상 연결되어 있지만 학습 내용이 다르고 수준 또한 초등학교에 비해서 월등히 높습니다. 이제까지 풀었던 문제의 난이도보다 문항의 수준이 높고, 문제의 길이 또한 길어집니다. 초등학교 때 수학을 잘했던 학생들이 중학교에 가서 좋은 점수를 얻지 못하는 이유이지요. 그러니 중학교에 올라가기 전에 미리 선행을 하는 것이 필요할까요? 선행학습이 필요한 학생은 선행학습을 할 수 있습니다. 하지만 선행학습의 전제 조건은 완벽한 복습입니다. 6학년 2학기를 맞았다면, 중학교 선행을 하기 전에 초등학교 5~6학년 수학 문제집 한 권씩을 사서 풀어봐야 합니다. 전체 문제의 정답률이 최소 95퍼센트가 나와야 선행학습을 할 수 있는 여건이 됩니다. 만약 정답률이 95퍼센트보다 낮다면 틀린 문제를 분석해서 내 것으로 만들어야 합니다. 이와 같은 과정이 전제가 됐을 때 선행할 수 있는 여건이 됩니다.

선행학습은 이렇게 시작하시길 권해드립니다. 초등학교 6학년 2학기 10월쯤이 되면 5~6학년 문제집을 구입한 후 복습을 합니다. 그리고 12월쯤 복습이 끝나면 선행을 하는 게 좋습니다. 선행의 경우 중학교 1학년 과정을 넘어서 중2, 중3 과정까지 하는 건 좋지 않습니다. 아이의 실력이 높아서 중학교 2~3학년 수준까지 진도를 나갈 수 있다면 모르겠지만 대다수의 학생들에게는 해당되지 않습니다. 당장 우리 아이들이 만날 수학은 중2, 중3 수학이 아닌 중1 수학입니다. 중1 수학 중에서도 1학년 1학기 수학입니다. 그러므로 중1 1학기 수학을 선행해야 합니다.

중1 1학기 수학의 난이도는 초등학교 수학 문제를 풀 때와 다릅니다. 초등학교 수학 문제는 일반적으로 3~4줄의 풀이로 끝납니다. 하지만 중학교 1학년부터는 생각보다 많은 사고를 요하는 문제가 빈번하게 출제됩니다. 미지수의 출현, 방정식, 다항식, 좌표의 개념 등 아이들이 초등학교 때 접하지 않은 개념들이 나오기 시작합니다. 이때부터 우리 아이들은 혼란에 빠지기 시작합니다. 이때 제대로 개념을 잡지 않고 넘어간다면 계속해서 중학교 수학의 함정에서 빠져나올 수가 없습니다.

그러므로 중학교 수학을 처음 공부할 때는 개념 하나하나를 분석하고 개념정리 노트도 사용해야 합니다. 초등학교 때 이미 개념정리 노트를 사용하고 개념을 이해하는 방법을 학습한 학생은 중학교에 올라가서도 흔들리지 않습니다. 또한 중학교에 올라가서는 문제집을 한 권만 풀어서는 안 됩니다. 어렵지 않은 문제집 두 권을 선택해야 합니다. 한 권은 학원에서 학습하는 문제집, 다른 하나는 학원에서 학습한 내용을 복습할 수 있는 문제집이어야 합니다. 아이들은 종종 잘못된 방법으로 복습을 할 때가 있습니다. 예를 들어 학원에서 푼 문제집을 갖고 와서 집에서 복습한다고 가정해보겠습니다. 아마 대다수의 아이들은 틀린 문제를 한두 개 푼 후 끝내거나 오늘 학습한 내용이니까 다 알고 있다는 생각을 합니다. 그래서 개념과 문제를 제대로 분석하지 않고 빠르게 읽고 넘어갑니다. 그리고 책을 덮습니다. 이건 복습이 아닙니다. 아이들이 이렇게 하는 이유는 해당 문제집에 흥미가 없기 때문입니다. 또 자신에게 전혀 새롭지 않기 때문입니다. 그렇기 때문에 학원에서 공부한 내용은 학원 쉬는 시간 5~10분 동안 살펴보고 집에서는 다른 문제집으로 복습하는 것이 효과적입니다.

중학교 수학을 공부할 때 얼마나 많은 문제집을 풀었는지는 크게 중요하지 않습니다. 얼마나 제대로 공부를 하느냐가 핵심입니다. '양치기 수학'이라는 말이 있습니다. 문제집을 수십 권 푼다는 말입니다. 이 방법으로 효과를 보는 학생도 있지만 그렇다고 수학적 사고력이 길러지지는 않습니다. 실제로 중학교에 올라가서 또래 학년 80~90퍼센트가 모두 맞히는 문제를 똑같이 맞히는 건 큰 의미가 없습니다. 또래 학년이 대다수 틀리는 문제를 맞힐 수 있어야 합니다. 양치기 수학은 좋은 방법이 아닙니다. 많은 시간을 할애해야 하고 반복된 문제때문에 쉽게 지치게 되지요. 그러므로 단 두 권의 문제집을 완벽하게 학습하는 것이 중요합니다. 가장 중요한 건 반드시 학원 수업이 끝난 후 5~10분 동안 복습을 하고, 그 날 배운 내용을 다른 문제집으로 한 번 더 복습하는 것입니다. 이후 푼 문제는 완벽하게 분석하고, 틀린 문제는 오답노트로 정리하며 한 번 풀기 시작한 문제집은 정해진 기간 내로 다 풀어야 합니다.

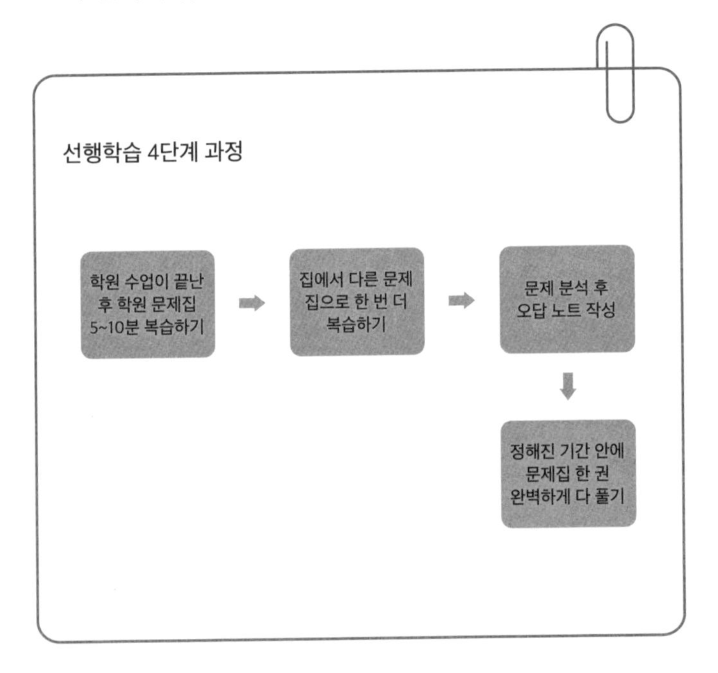

아이들 문제집의 대부분은 30% 정도 푸는가 하다가 나머지는 풀지 않고 버리거나 집에서 조용히 숨어 있는 경우가 많습니다. 그러므로 구입한 문제집은 반드시 다 푼다는 생각이 무엇보다 중요합니다.

선행의 조건은 기존 학습 내용을 잘 숙지하는 데 있습니다. 지난 학기의 문제집을 풀어 정답률이 95퍼센트를 넘긴다면 선행을 시작해도 좋은 때입니다.

자기주도 수학 습관은 어떻게 들이면 좋죠?

아이 스스로 수학 공부 습관을 형성하기는 쉽지 않습니다. 아이를 위해 많은 돈을 투자하는 데 비해 아이의 수학 성적이 크게 오르지 않는 이유입니다. 아무리 많이 대화하고 어르고 달래서 수학 공부의 중요성을 설명해도 아이들은 크게 변하지 않습니다. 그러니 억지로 수학 공부를 시키고, 학원에 보내는 것입니다. 일단 학원에 보내놓으면 귓등으로라도 듣는 게 있겠지 싶어 무리해서라도 등록은 시키지만, 학원이 공부 습관을 형성해주지는 않습니다. 누군가가 대신 공부를 가르쳐주는 것일 뿐 스스로 공부를 한다고 보기는 어렵습니다.

그럼 어떻게 하면 우리 아이가 주도적으로 수학 습관을 형성할 수 있을까요?

첫째, 한 문제를 학부모와 동시에 풀어 서로 다른 풀이를 확인하는 시간을 가져보세요. 수학을 즐겁게 공부하기 위해서는 수학이 주는 매력을 느껴야 합니다. 수학은 다른 과목과 달리 한 문제 안에서도 여러 풀이가 가능합니다. 계속 같은 방법으로 문제를 풀면 지루할 수밖에 없습니다. 다양한 풀이 방법을 활용해서 문제를 해결하면 아이들이 지루해하지 않고 계속해서 자극을 받기 때문에 집중해서 문제를 해결합니다. 반복 연산의 단점은 아이의 흥미와 집중력을 떨어트리고 아이가 수동적으로 수학을 공부하게 만든다는 것입니다. 학부모님과 같은 문제를 풀고 서로의 풀이를 비교하는 놀이도 좋습니다. 그리고 서로 하나씩 문제를 골라준 후 서로의 풀이를 검토하는 방법도 아이들의 수학적 호기심을 자극할 수 있습니다. 혼자 하는 공부에서 벗어나 자신과 가장 가까운 사람인 부모님과 함께하는 공부는 아이에게 긍정적인 영향을 줍니다. 단순히 아이가 공부한 걸 확인하고 잔소리하는 게 아니라 같은 학습자로서 수학 공부에 참여하는 것이 무엇보다 중요합니다.

둘째, 수학이 실생활에서 어떻게 활용되는지 아이들이 알아야 합니다. 종종 아이들로부터 수학이 우리 생활에 어떻게 쓰이는지 질문을 받을 때가 있습니다. 그럴 때마다 아이들의 수준에서 수학의 쓰임새를 어떻게 이야기해줘야 할까 고민합니다. 내가 왜 수학을 공부해야 하는지, 수학은 우리 생활에 어떻게 쓰이는지를 알아야 아이들도 수학을 공부해야 하는 이유를 알 수 있습니다. 수학은 우리 생활 모든 곳에 녹아 있습니다. 단지 우리가 느끼지 못할 뿐 우리가 사는 세상 모든 것이 수학으로 이루어져 있습니다. 하지만 우리 아이들은 수학이 우리 생활 속에 녹아 있다는 말을 체감하지 못합니다. 저는 종종 요리를 예로 들고는 합니다.

요리를 할 때 레시피를 정확히 이해하려면 수학을 이해해야 합니다. mL, g, 분수 표현을 정확히 알고 있어야 우리가 만들 요리를 레시피에 맞게 만들 수 있습니다. 표고버섯 볶음 요리를 레시피에 맞게 만들기 위해서는 표고버섯 250g의 무게를 잴 수 있어야 합니다. 또한 양파 $\frac{1}{2}$개, 당근 $\frac{1}{3}$개의 분수 개념을 이해해야 합니다. 양념장을 만들 때 사용하는 큰술의 단위를 확인하고 적용할 수 있어야 합니다. 라면 하나를 끓일 때 물의 양을 어떻게 정확히 맞출 것인지 라면 다섯 봉지를 끓이려면 물이 얼마나 필요할 것인지 이 모든 것이 수학입니다. 그리고 요즘 많은 주목을 받고 있는 코딩을 이해하기 위해서는 프로그래밍 언어 등의 기초부터 시작해서 수학의

표고버섯 볶음 요리 레시피

요리 재료

표고버섯: 250 g

양파: $\frac{1}{2}$개, 당근 $\frac{1}{3}$개

양념장: 간장 2큰술, 참기름 1큰술, 올리고당 1큰술, 통깨 약간

❶ 말린 표고버섯 250 g을 따뜻한 물에 불린다.

❷ 불린 표고버섯을 편으로 썬다.

❸ 양파 $\frac{1}{2}$개와 당근 $\frac{1}{3}$개를 채썬다.

❹ 양념장을 만든다.

❺ 양념장에 표고버섯을 재운다.

❻ 달궈진 팬에 양파를 볶는다.

❼ 당근과 표고버섯을 같이 넣고 볶는다.

❽ 통깨를 넣고 살짝 볶아준다.

이해가 기본이 되어야 합니다. 수학의 이해가 전제되었을 때 코딩을 통한 프로그램이 나올 수 있습니다. 이처럼 아이들이 수학의 필요성과 매력을 느낄 수 있는 여러 사례를 접해야 합니다. 요즘 유튜브 등 다양한 채널들에는 많은 수학 교육자들

이 수학의 매력을 느낄 수 있는 영상을 올리고 있습니다. 아이들과 함께 영상을 본 후 이야기 나누어보는 건 어떨까요? 수학 관련 책을 구입해서 읽는 것도 매우 큰 도움이 됩니다.

셋째, 안 풀리는 수학 문제를 끝까지 해결해야 합니다. 예전에 초등학교 6학년 담임을 할 때 수학을 싫어하는 학생이 있었습니다. 수학을 싫어하지만 수학 실력은 중상위권을 유지하던 학생입니다. 이 학생을 3월 중순에 상담했을 때 들은 말이 아직도 기억에 남습니다. "선생님 저는 수학이 싫어요. 안 풀리는 문제가 너무나 많아요. 안 풀리는 문제를 볼 때마다 짜증이 나요. 그래서 전 답지를 펼쳐놓고 공부해요." 이 학생의 말을 듣고 저는 마음이 아팠습니다. 수학 때문에 얼마나 힘들었을까요? 오죽했으면 답지를 펼쳐놓고 공부했을까 싶어 안타까웠습니다. 저는 이 학생에게 다음과 같은 방법을 제시했습니다. 안 풀리는 문제 중 두세 문제만 메모지에 적고 3일 이상 생각해보는 것입니다. 메모지에 적고 학교 쉬는 시간 또는 남는 시간이 있을 때 메모지에 적힌 문제를 읽고 또 읽어보는 것입니다. 단 조건은 문제가 해결될 때까지 절대 답지를 보지 않아야 합니다. 또 포기하지 않고 3일 동안 문제를 해결하기 위해 노력해야 합니다. 처음에는 하기 싫은 표정이었지만 제가 계속 설득하자 한번 해보겠다고 말했습니다. 그리고 그 다음 날부터 두 문제를 메모지에 적어가지고 다녔습니다. 첫째 날 점심시간이 끝나자 갑자기 학생이 저한테 오더니 "선생님, 저 한 문제 풀었어요. 밥 먹을 때 갑자기 머릿속에서 문제를 어떻게 풀어야 할지 생각이 나서 밥을 빨리 먹고 교실에 와서 문제를 풀었더니 풀렸어요."라고 말했습니다. 이때 이 학생의 표정은 어땠을까요? 내가 해냈다는 성취감 어린 표정과 '수학 별거 아니네.'라는 자신감이 가득한 표정이었습니다. 마지막 문제는 사흘째 되던 날 해결했습니다. 이후 이 학생은 계속해서 메모지에 잘 모르는 문제를 적고 다녔습니다. 더 이상 수학 공부를 할 때 답지를 펼쳐놓지 않는다고 했습니다. 이후 수학 성적이 오른 것은 당연하고 어려운 문제를 풀 때도 포기하지 않고 끝까지 해결하려는 끈기가 생겼습니다.

풀리지 않던 문제를 풀어냈을 때의 쾌감은 엄청납니다. 우리 아이들이 이 쾌감을 느껴야 합니다. 쾌감을 느끼기까지의 과정은 힘들겠지만 이겨내야 합니다. 주변에서 격려하고 관심을 가져야 합니다. 우리 아이가 포기하지 않고 끝까지 문제를 해결하는 과정을 지켜봐줘야 합니다.

마지막으로 위의 방법을 활용해 21일 이상 학습을 실천해야 합니다. 일주일 정도 공부했다고 습관이 생기지 않습니다. 최소 21일 이상은 연속적으로 공부했을 때 습관이 형성될 수 있습니다. 이 기간 동안 꾸준히 학습하도록 학부모님께서도 지속적으로 살펴봐야 합니다. 최소 21일을 하루도 놓치지 않고 수학 공부를 제대로 하기 위해 노력했다면, 단기 실력이 오르는 것은 물론 오랜 공부 습관을 형성하는 데 큰 도움이 될 것입니다.

자기주도학습의 가장 큰 동료는 학부모님입니다. 아이와 같은 문제를 풀고 서로의 풀이를 비교하는 놀이를 해보세요. 아이들의 수학적 호기심을 자극하는 좋은 수단이 됩니다.

개념을 정확하게 이해했는지 확인하고 싶어요

수학에서 가장 중요한 건 개념, 원리, 법칙이라고 합니다. 수학 교육자들은 수학을 공부할 때 개념을 반드시 이해해야 한다고 강조합니다. 개념의 중요성은 누구나 인정하지만 개념을 이해하는 방법과 내가 정말 개념을 제대로 이해하고 있는지, 우리 아이가 개념을 정확하게 이해하고 있는지는 알기 어렵습니다.

2021학년도 수능 수리영역 출제 방향과 관련해 다음과 같은 내용이 기사에 실렸습니다.

대학수학능력시험(수능) 출제본부는 3일 치러진 2021학년도 수능 2교시 수학영역 출제 방향에 대해 "수학의 개념과 원리를 적용해 문제를 이해하고 해결하려는 능력을 측정할 수 있는 문항을 출제하는 데 중점을 뒀다."고 밝혔다.

출처: 2020년 12월 3일 〈뉴스1〉 보도 내용

여기서 중요한 키워드는 '개념'과 '원리', '이해', '문제 해결'입니다. 즉 개념과 원리를 제대로 이해한 상태에서 문제를 해결할 수 있는지를 판단하는 문제를 출제했다는 말입니다. 그렇다면 수학에서 말하는 개념이란 무엇일까요?

수학에서의 개념은 속성에 따라 ①개별 개념, ②관계 개념, ③조작 개념으로 분류합니다.

① 개별 개념: 개별적인 대상을 나타내는 개념(예: 자연수, 홀수, 사각형, 원 등)

② 관계 개념: 몇 개의 대상 사이의 관계를 나타내는 개념(예: 공약수, 평행, 비례, 작다 등)

③ 조작 개념: 두 가지 이상의 개별적인 대상으로 조작하는 개념(예: 사칙계산, 평행이동, 닮음비로 확대 등)

이 모든 개념들은 간단히 말해서 증명 가능한 일반적인 성질을 나타내는 명제라고 할 수 있습니다. 개념, 원리, 법칙은 여러 가지 개별적 예나 수학적 경험 등을 일반적인 형태로 표현한 것입니다. 우리가 사용하는 기호와 계산 원리, 정의 등도 일반적인 형태로 표현하여 이해하기 쉽게 구성되어 있습니다.

그러면 우리 아이가 개념을 제대로 이해하고 있는지를 확인하기 위해서는 개별 개념, 관계 개념, 조작 개념으로 나누어서 확인해야 할까요? 아닙니다. 우리가 생각하는 수학 개념은 수학 교과서에 나와 있는 내용이라고 간단히 생각해도 됩니다. 그렇다면 우리 아이가 개념을 제대로 이해하고 있는지를 확인하는 방법에는 무엇이 있을까요?

첫째, 우리 아이에게 오늘 공부한 내용을 설명하게 합니다. 오늘 학습한 내용 중 중요한 개념을 설명하기 위해서는 자기 스스로 사고하고 정리할 수 있어야 합니다. 정리한 내용을 다른 사람에게 설명하는 과정에서 메타인지(내가 얼마만큼 해낼 수 있는가에 대한 판단)가 일어나고 자신의 사고를 정교화할 수 있습니다. 개념을 확실하게 이해하고 있는 학생은 오늘 배운 내용을 다른 사람이 이해할 수 있게 설명할 수 있고, 그 개념에 대한 어떤 질문에도 답할 수 있습니다. 부모님께서는 아이가 오늘 공부한 내용을 설명할 때 집중해서 들어주세요. 또 설명이 끝난 후 여러 가지 질문을 해주세요. 그럼 우리 아이는 자기 스스로 자신의 개념 이해 정도를 파악하고 부족한 부분이 무엇인지 판단할 수 있습니다. 아이의 설명을 들어주고 질문하는 방법만으로도 우리 아이의 실력이 한 단계 성숙하도록 도와줄 수 있습니다.

둘째, 개념을 이용해 다양한 문제를 해결할 수 있는지 살펴봅니다. 수학 개념과 원리를 학습하는 이유는 일상생활에서 발견할 수 있는 다양한 문제를 해결하는 데 이용하기 위해서입니다. 그러므로 개념을 적용할 수 있는 문제를 제시하고 아이가 어떻게 해결하는지 확인해야 합니다. 단순히 수 개념을 이용해서 단순 계산하는 문항은 초반에 주고 이후에는 개념과 원리를 응용할 수 있는 난이도 중 이상의 문제를 제시하는 것이 좋습니다. 단순 연산 문제는 개념을 이해하지 않고도 공식에 적용하거나, 반복 학습으로 형성된 지식으로 해결할 수 있기 때문입니다. 우리 아이가 단순 연산 문제를 어느 정도 해결할 수 있다면 이후에는 개념과 원리를 응용할 수 있는 좋은 문제를 제시해서 스스로 해결할 수 있도록 환경을 조성하는 것이 무엇보다 중요합니다.

개념을 이해했다고 생각했는데 문제를 풀다가 막히는 경

우가 있습니다. 이건 매우 당연합니다. 한 번 개념을 익혔다고 모든 문제를 해결할 수는 없습니다. 다양한 문제를 해결하면서 개념을 정교화하고 개념과 원리를 문제에 어떻게 적용할 수 있는지 탐구해야 합니다. 단순히 교과서를 여러 번 읽고, 나만의 공책 정리를 하고, 문제집을 한 권 푸는 것만으로 모든 문제를 해결할 수 있다고 말하기에는 어려움이 있습니다. 개념과 원리는 계속해서 채워나가야 합니다. 그러기 위해서는 수학이 즐거워야 합니다. 수학이 즐겁기 위해서는 다양한 문제를 해결하는 경험을 해야 합니다. 개념과 원리를 이해하는 방법을 모르는데 계속해서 개념과 원리 학습을 강조하면서 공부하라고 강요하는 건 옳지 않습니다. 또한, 지루한 반복 연산 문제가 아닌 아이의 수준에 맞는 실생활 문제 또는 사고할 수 있는 문제를 다양하게 제시함으로써 아이가 수학적 사고를 할 수 있게 해야 합니다.

예를 들어 아이가 분수의 덧셈과 뺄셈 단원을 공부한다고 가정해보겠습니다. 일반적으로라면 교과서 또는 문제집에 나와 있는 개념 설명을 한 번 보고 문제를 풀겠지요? 개념을 이해하지 않고 계산 원리를 암기하고 반복해서 문제를 해결한 후 정답지와 자신이 푼 답을 비교합니다. 이렇게 수학 공부는 끝납니다. 이와 같은 방법은 개념을 이해하는 데 또 수학적 사고를 기르는 데 전혀 도움이 되지 않습니다.

분수의 덧셈과 뺄셈을 공부하기 전 분수의 개념이 무엇인지 알아봐야 합니다. 그리고 자연수의 덧셈과 뺄셈은 어떻게 계산했는지 생각해봐야 합니다. 이 두 가지를 한 후 교과서에 나와 있는 개념을 이해해야 합니다. 교과서를 세 번 이상 꼼꼼하게 읽고 글자 하나하나를 내 것으로 만들어야 합니다. 그리고 기본 예제 문제를 통해서 내가 익힌 개념과 원리를 적용할 수 있는지 확인해봐야 합니다. 이후에 난이도 있는 문제를 풀면서 개념과 원리를 정교화하고 부족한 부분은 보완해야 합니다. 틀린 문제를 틀렸다고 그냥 둘 것이 아니라 내가 어떤 개념이 부족해서 틀렸는지 반드시 확인해야 합니다. 많은 학생들이 맞은 문제는 해설을 확인하지 않고 넘어갑니다. 왜냐하면 맞았기 때문이죠. 하지만 내가 푼 문제의 답이 정말 정확한 개념과 원리를 적용해서 얻은 답인지 해설지를 보면서 확인해야 합니다. 해설지와 내 풀이가 다르다면 해설지의 풀이로 문제를 다시 한 번 풀어보는 것도 좋은 방법입니다.

수학 개념과 원리는 여러 번 반복해서 학습할 때 이해할 수 있습니다. 처음 읽었을 때 이해한 개념은 아직 미완성된 개념인 경우가 많습니다. 미완성된 개념을 채우기 위해서는 이전에 학습한 개념과 연결하는 연습이 필요합니다. 그리고 개념을 이해하는 데 글 이외에 그림, 표, 말 등을 활용하는 것도 좋습니다. 비슷한 연산문제만 푸는 것보다는 문장제 문제, 난이도가 있는 추론 문제 등을 두루 풀어보면서 나의 개념 이해 정도를 꾸준히 파악하고 보완하는 것이 무엇보다 중요합니다. 부모님께서는 단순히 지시하고 아이를 감시하는 입장이 아닌 함께 문제를 해결하고 개념을 완성해나가는 역할을 해주셔야 한다는 것을 잊지 마세요.

아이가 오늘 학습한 수학 개념을 부모님에게 설명할 수 있도록 해주세요. 다른 사람이 이해할 수 있도록 설명하는 과정에서 수학적 개념이 정교하게 다듬어집니다.

아이 마음:

수학 그만 포기하고 싶어요

저는
수학 포기했어요

수포자란 '수학을 포기한 자'를 줄인 말입니다. 아직 어린 학생들에게 쓰기에는 너무 섣부른 표현 같지만, 실제로 일찌감치 수학을 포기하는 학생이 많습니다. 다른 과목에 비해 성적이 잘 오르지 않고 배우면 배울수록 어렵기 때문이라고 합니다. 다른 몇몇 과목은 단기간에 달달 외우기만 해도 어느 정도 성적이 나오는데 유독 수학만큼은 암기가 통하지 않는 과목입니다. 아무리 많은 문제를 풀어도 못 푸는 문제가 꼭 시험에 나오는 게 수학이라고들 합니다. 그래서 우리 아이들은 수학을 두려워합니다.

아이는 수학을 포기했지만 학부모님만큼은 포기할 수 없

지요. 좋은 학원을 추천받아 아이를 억지로 보내보지만 성적은 쉽게 오르지 않고, 학원이 끝난 후 녹초가 되어 돌아온 아이를 보면 안쓰러운 마음이 듭니다.

최근에 방송으로 수포자에 대한 뉴스를 본 적이 있습니다. 초등학교 4학년 2학기 수학 익힘책에 실린 문제를 보여주면서 이걸 우리 아이들이 풀 수 있는지, 어른들도 풀 수 있는지를 확인하는 내용이었습니다.

무엇이든 넣을 수 있는 마법 주머니가 2개 있습니다. 빨강 주머니에 넣었다가 빼면 길이가 10배가 되고, 파랑 주머니에 넣었다가 빼면 길이가 넣기 전 길이의 $\frac{1}{10}$이 됩니다. 슬기는 9.5cm인 장난감 기차를 빨강 주머니에 2번, 파랑 주머니에 1번 넣었다가 뺐습니다. 지금 슬기의 장난감 기차는 몇 cm인가요?

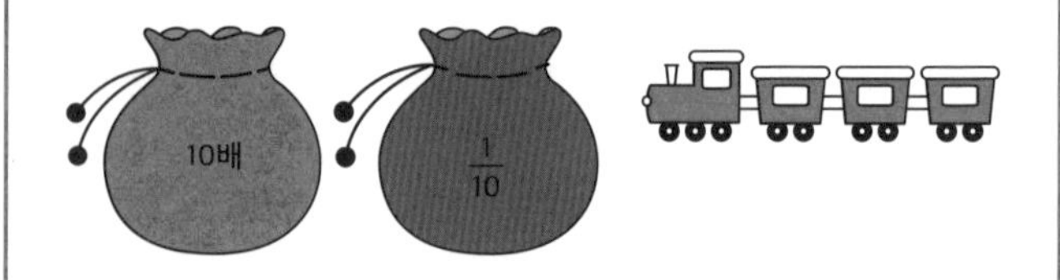

2015 교육과정 4학년 2학기 수학 익힘책 39쪽

이 문제는 소수의 덧셈과 뺄셈 문제입니다. 문제를 이해하면 어려운 문제가 아니지만 문제 내용을 한 번에 이해하기가 어렵습니다. 문제를 몇 번이나 읽어봐야 무엇을 묻고 있는지 파악할 수 있습니다. 여기서 우리는 수학 공부를 위해서 계산만 잘하는 건 큰 의미가 없다는 걸 알 수 있습니다. 계산을 하기 위해서는 문제 내용을 파악해야 하기 때문에 문제에서 무엇을 파악해야 하는지를 학생 스스로 알아내야 합니다. 즉 문제를 독해하는 능력이 중요합니다. 우리 아이들에게 이런 능력을 가르치지 않고 연산 능력만 강조하는 수학은 의미가 없습니다. 흔히 이런 문제 제기 끝에 나오는 것이 아이들의 학습 부담을 경감해야 한다는 주장입니다. 학습 부담 경감은 장점도 있지만 분명 단점도 있습니다. 학습 부담을 줄이려고 교과서를 쓰다 보니 내용이 줄어들고 설명이 간략해지고 있습니다. 또한 다양한 유형의 문제를 다루지 못하기 때문에 우리 아이들의 수학 기초학력이 저하되는 결과를 초래하고 있습니다.

왜 우리 아이들은 수학을 포기할까요? 다양한 이유가 있겠지만 세 가지 정도로 생각해볼 수 있을 것 같습니다.

첫째, 수학에 대한 두려움 때문입니다. 수학은 다른 과목과 다르게 답이 나오기까지의 과정이 복잡합니다. 식을 세우고 바르게 계산해야 합니다. 식을 세우지 못해도 틀리지만, 식을 잘 세워도 계산을 잘못하면 틀리고 맙니다. 기껏 고생해서 식까지 찾았는데 문제를 틀리면 '결국 열심히 해도 틀리는 거구나.' 하는 생각에 흥미가 떨어지고 다시 문제를 틀릴까 봐 두려움이 생기기 시작합니다. 그래서 우리 아이들은 수학을 무서워하고 재미있어 하지 않습니다.

둘째, 분명 열심히 공부했는데 문제가 풀리지 않습니다. 수학은 참 신기합니다. 분명 교과서를 통해 개념을 완벽하게 학습했다고 생각했는데 문제집에 있는 문제가 풀리지 않습니다. 개념을 다른 사람에게 설명할 수 있을 만큼 공부했고, 기본 문제를 모두 풀 수 있었습니다. 그런데 문제집에 있는 문제들이 풀리지 않습니다. 열심히 공부를 했는데 문제가 안 풀리면 얼마나 힘들까요? 개념을 공부하라 해서 공부했는데 정작 문제가 해결되지 않는 일이 생기는 겁니다. 이런 고민을 부모님께 이야기하면 아이를 달래주는 경우도 있지만 대부분은 "네가 열심히 안 해서 그래.", "더 열심히 공부해야지."라는 말만 듣습니다. 최선을 다해도 문제가 풀리지 않는 상황에서 아이는 수학을 포기할 수밖에 없습니다.

셋째, 1단원만 공부하기 때문입니다. 대학생 시절 고3 학생을 대상으로 과외와 학원 수업을 할 때 반드시 학생들에게 준비하도록 한 것이 있습니다. 최근에 자신이 공부한 수학 문제집 한 권과 수학 교과서입니다. 수학을 포기하지 않고 열심히 하는 학생과 포기한 학생이 갖고 온 문제집과 교과서에는 큰 차이가 있습니다. 수포자 학생은 모든 책의 첫 단원만 열심히 공부합니다. 이제 고3이 됐으니 새롭게 시작하는 마음으로 새로 문제집과 기본 개념서를 사서 공부합니다. 하지만 1단원을 어느 정도 공부하다가 책을 덮습니다. 끝을 보지 못하고 앞 장만 좀 공부한 채로요. 수포자 학생의 공통적인 특징입니다. 반대로 수학을 포기하지 않고 열심히 한 학생은 수학 책 곳곳에 노력과 고민의 흔적이 남아 있습니다. 이미 끝까지 푼 문제집과 수학 교과서 곳곳에는 개념을 공부한 흔적과 보충한 흔적까지 있습니다. 수학을 포기한 학생의 수학책은 앞 단원에만 손때가 묻지만 수학을 포기하지 않고 열심히 하는 학생의 수학책은 모든 곳에 손때가 묻습니다.

어떻게 하면 수학을 포기한 아이를 다시 수학에 흥미를 느끼게 만들 수 있을까요? 수학을 포기한 이유가 아이들마다 다르고 아이들의 특성이 모두 다르기 때문에 일반화해서 말하기는 어렵습니다. 하지만 수학을 포기한 아이들에게 공통적으로 한 번씩은 적용할 만한 두 가지 방법이 있습니다.

첫째, 난이도가 쉬운 문제집 한 권을 선택해서 끝까지 풀도록 하는 것입니다. 수학을 포기한 학생들은 수학을 통해 성취감을 느끼지 못하는 경우가 많습니다. 그러므로 난이도가 쉬운 문제집 한 권을 선택해서 포기하지 않고 끝까지 풀게 합니다. 수학을 포기한 4학년 아이에게 초등학교 1학년 수학 문제집을 주면 신이 나서 풉니다. 수학을 포기한 아이들은 수학이 어렵고 본인을 힘들게 하기 때문에 포기합니다. 반대로 수학이 즐겁고 수학을 함으로써 얻는 성취감을 맛보면 수학을 포기하지 않고 도전할 수 있는 힘이 생깁니다.

둘째, 가장 못하는 또는 싫어하는 단원부터 공부합니다. 수학을 포기한 아이들의 경우 복습이 필수입니다. 그래서 복습할 수 있는 교재를 선택한 후 공부를 시작해야 합니다. 이때 가장 많은 실수를 하는 게 1단원부터 공부를 하는 것입니다. 물론 예습을 할 때는 1단원부터 하는 것이 효율적입니다. 하지만 복습만큼은 다릅니다. 복습도 1단원부터 한다면 수포자 학생들은 계속해서 1단원만 복습하다가 끝이 납니다. 예를 들어 5학년 1학기 내용을 복습한다고 할 경우 아이에게 어느 단원이 가장 어렵고 싫은지 물어봐야 합니다. 가장 하기 싫고 두려워하는 걸 먼저 해결하지 않으면 다른 내용으로 넘어갈 수 없습니다. 그러므로 가장 못하는 또는 싫어하는 단원을 공부할 수 있도록 지도할 필요가 있습니다. 여기서 유의할 점이 있습니다. 만약 수포자 학생이 분수의 곱셈을 전혀 못한다고 가정해봅시다. 이때 분수의 곱셈을 먼저 학습하는 것이 비효율적일 때가 있습니다. 그 이유는 분수의 개념을 몰라 분수의 덧셈·뺄셈조차도 못하는 상황일 수 있기 때문입니다. 그러므로 아이의 현재 상태를 파악하고 어느 단원부터 학습하는 것이 효율적인지 판단할 필요가 있습니다. 가장 중요한 건 수학 공부를 할 때 반드시 1단원부터 학습할 필요는 없다는 것입니다.

"네가 열심히 안 하니까 성적이 안 오르지."와 같은 이야기는 하지 않도록 합니다. 아이는 충분히 최선을 다했습니다. 최선을 다했을 때 아무런 격려가 없다면, 아이는 지쳐 포기할 수밖에 없습니다.

공부를 해도
문제가 안 풀려요

초등 교사로서 일하면서 가장 마음이 아플 때는 정말 열심히 공부했는데 문제를 못 풀겠다는 아이들의 이야기를 들을 때입니다. 열심히 하면 문제가 왜 안 풀리겠냐며 아이들에게 잔소리해본 경험이 있으시겠지요? 하지만 아이들의 하소연은 틀린 말이 아닙니다. 공부를 열심히 해도 문제는 안 풀릴 수 있습니다. 머리로는 수학 개념을 다 이해해도 개념을 문제 상황에 적용하는 건 다른 문제입니다. 물론 수학 개념을 이해하면 문제 상황에 적용하는 것이 가능합니다. 하지만 문제에 개념을 적용하기 바로 전 단계인 '내가 알고 있는 개념을 어떻게 문제 상황에 적용하고 식을 세워 해결하는 것인지 찾아내는 것'은 다른 차원의 문제입니다. 알고 있는 걸 꺼내서 구체화하는 것은 그만큼 어려운 일이지요.

수능 수학 서른 문제 중 서너 문제는 '킬러 문제'라고 불립니다. 수능 응시자들의 실력을 확인하고 등급을 나눌 수 있는 문제지요. 많은 학생이 수능 수학 100분의 시간 중 이 서너 문제에 30분 이상을 투자한다고 합니다. 킬러 문제 하나에 1등급, 2등급이 나뉘게 됩니다. 항상 모의고사에서 1등급을 받던 학생도 수능 수학의 킬러 문제를 해결하지 못하고 2등급 또는 3등급을 받는 경우도 있습니다. 분명 이 학생은 고교 교육과정의 수학 개념을 어느 정도 이해하고 있는 학생입니다. 모의고사에서 1등급을 꾸준히 받았다는 건 수학 개념이 잘 잡혀 있고 문제를 해결하는 능력도 뛰어나다는 증거입니다. 즉 수학 문제를 해결하기 위해서는 수학 개념을 정확히 이해하는 것과 별개로 무언가가 더 필요하다는 걸 알 수 있습니다.

우리 아이가 수학 공부를 열심히 하는 데 문제를 많이 틀린다면 아이의 문제집을 한 번 살펴봐야 합니다. 어느 부분에서 문제를 풀지 못하는지, 식을 제대로 세울 수 있는지, 문제 조건을 제대로 이해하고 있는지 등을 파악해야 합니다. 수학 개념을 알고 있어도 문제 내용을 이해하지 못하면 식을 세울 수 없습니다. 그러므로 문제가 무엇을 요구하고 있는지를 아이가 알고 있는지 확인할 필요가 있습니다.

문장제 문제 해결하기

문장제 문제는 초등학교 학생들이 가장 어려워하는 유형 중 하나입니다. 숫자식을 읽는 것만으로도 힘든데 긴 글이 나오기 때문입니다. 아무리 읽어도 무슨 말인지 이해가 안 되는데 도대체 나보고 어떻게 하라는 거냐며 반문하기도 합니다. 학부모님 입장에서는 이해가 되지 않습니다. 문제를 잘 읽고 문제에 나와 있는 숫자를 이용해서 식을 세워 계산하면 되니까요. 하지만 우리 아이들은 문제를 잘 읽기가 힘듭니다. 눈으로는 읽지만 머리로는 읽지 못합니다. 문제 속 숫자에 동그라미를 치고 식을 세워보지만 잘못된 식을 세우기 십상입니다. 분명 식만 세우면 계산 원리를 알고 있기 때문에 바른 답을 구할 수 있을 텐데 말이죠. 이때 우리 아이들이 하는 가장 큰 실수는 해설지를 대충 본 후 '아, 이렇게 식을 세우는 거구나.' 하고 넘어가는 것입니다. 해설지를 보고는 내가 문제를 이해하지 못한 게 아니라 실수를 한 것이라 생각합니다.

문장제 문제를 제대로 해결하기 위해서는 문제를 분석하는 능력을 키워야 합니다. 초등학교 학생들이 할 수 있는 문장제 문제 분석방법은 세 가지가 있습니다.

① 문제를 끊어서 읽기

긴 문장제일수록 끊어서 읽을 필요가 있습니다. 한 번에 다 읽으면 무슨 내용인지 머리에 정리가 되지 않습니다. 그러므로 중요한 부분이라고 생각되는 부분을 기준으로 끊어서 읽고 분석합니다. 끊는 기준은 문제마다 다르겠지만 일반적으로 문장제 문제에서는 숫자를 기준으로 끊어서 읽으면 좋습니다. 끊어서 읽은 후 각 숫자들이 무엇을 의미하는지 파악해야 합니다. 구하는 것이 무엇인지, 문제에 나와 있는 내용을 어떻게 식으로 나타내면 될지 생각해야 합니다.

② 그림과 표 등을 이용해서 해결하기

초등학생들은 글보다 그림으로 이해하는 것을 좋아합니다. 긴 문장제 내용을 그림으로 표현할 필요가 있습니다. 문장제 문제 내용을 그림으로 옮길 때 가장 중요한 건 교과서를 통해서 개념을 학습할 때 나왔던 그림, 표, 수직선 등을 생각하면서 그려야 한다는 것입니다. 아무 생각 없이 그리는 게 아니라 교과서에서 봤던 그림을 떠올린 후 그리는 것이 중요합니다. 이와 같이 교과서의 내용을 떠올리면서 그리면 내가 밀가루 $2\frac{4}{5}$kg이 있습니다. 빵 한 개를 만드는 데 밀가루 $1\frac{1}{5}$kg이 필요합니다. 빵을 몇 개까지 만들 수 있고, 남는 밀가루는 몇 kg인가요?

만들 수 있는 빵: ______개, 남는 밀가루: ______kg

풀이

전체 밀가루의 양= $2\frac{4}{5}$ kg

빵 한 개를 만드는 데 필요한 밀가루의 양= $1\frac{1}{5}$ kg

식: $2\frac{4}{5} - 1\frac{1}{5} = 1\frac{3}{5}$

$1\frac{3}{5} - 1\frac{1}{5} = \frac{2}{5}$

$1\frac{1}{5}$을 두 번 뺐으므로 빵 2개 만듦

$\frac{2}{5}$ → 남는 밀가루

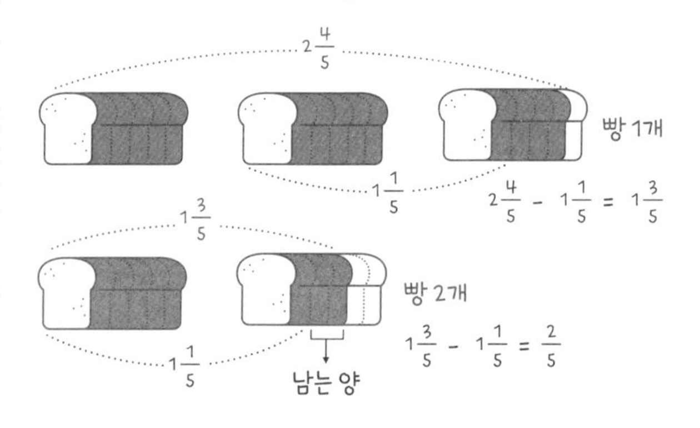

2015 개정 교육과정 4학년 2학기 수학익힘책 13쪽

어떤 수학 개념을 이용해서 풀어야 할지 감이 잡힙니다. 그리고 문제에서 요구하는 수학 개념이 무엇인지도 쉽게 파악할 수 있습니다.

③ 교과서 개념 설명 이해하고 적용하기

우리 아이의 수학 공부 기본서는 교과서입니다. 교과서를 기본서로 정한 이유는 다른 책들과 다르게 많은 전문가들이 오랜 시간 노력을 기울여 만든 책이기 때문입니다. 개념을 이해하기 좋은 흐름으로 구성했을 뿐 아니라 수학 개념을 이해하는 데 도움이 되는 삽화와 그림, 표 등이 제시되어 있습니다. 아이들은 문제를 해결할 때 교과서에 나온 설명과 그림, 표 등을 떠올리지 않습니다. 요약된 내용과 계산 방법만 기억할 뿐 계산 원리 과정을 생각하지 않고 문제를 해결합니다. 그래서 단순 계산 문제는 해결할 수 있지만 응용문제 또는 문장제 문제를 어려워합니다. 앞의 예시처럼 교과서에 나온 분수의 덧셈과 뺄셈 개념을 이해하고 이해한 내용을 바탕으로 문장제에 적용하면 어렵지 않게 문제를 해결할 수 있습니다.

공부를 열심히 했는데 문제가 안 풀리는 우리 아이들의 마음을 살펴주세요. 안 풀리는 문제를 함께 고민해보고 교과서에 나와 있는 어떤 개념과 방법을 활용할 수 있는지 탐구해야 합니다.

안 풀리는 문제가 있을 때는 교과서를 펴서 내가 어떤 부분을 놓치고 있는지 확인해야 합니다. 안 풀리는 문제는 오랜 시간 고민해야 합니다. 이 고민이 수학 실력을 높여줍니다.

문장제 문제를 해결하기 위해서는 ①문제를 끊어서 읽고, ②그림과 표를 이용하고, ③교과서 개념 설명을 충분히 이해하는 노력이 필요합니다.

도대체 개념을 왜 이해해야 해요?

초등학교 때까지 수학을 잘하던 학생이 중학교에 올라가서 수학 성적이 떨어진다면 중학교 수학의 난이도 차이 때문일까요? 저는 아니라고 생각합니다. 난이도 차이 때문이라면 대부분의 아이들이 중학교에 올라가서 수학 성적이 떨어져야 합니다. 하지만 초등학교 때 잘하는 아이가 중학교에 올라가서도 잘하는 경우가 있고 초등학교 때는 중상위권이었는데 중학교에 올라가서 상위권 성적을 받는 경우도 있습니다.

만일 반에서 수학 잘하는 아이 두 명을 뽑은 후 $\frac{3}{4}$은 $\frac{3}{8}$의 몇 배인지 분수의 나눗셈 개념을 설명해보라고 시킨다면 어떨까요? 아마 아이들은 자신의 수학 실력이 반에서 우수하다

「수학 익힘」 10~11쪽

(분수)÷(분수)를 알아볼까요(3)

1 갯벌 체험에서 연수는 조개 $\frac{3}{4}$ kg을, 슬기는 조개 $\frac{3}{8}$ kg을 캤습니다. 연수가 캔 조개양은 슬기가 캔 조개양의 몇 배인지 알아봅시다.

- $\frac{3}{4}$은 $\frac{3}{8}$의 몇 배인지 구하는 식을 써 보세요.

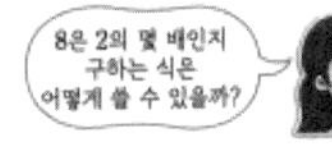

2 $\frac{3}{4} \div \frac{3}{8}$을 구해 봅시다.

- 수직선에 나타내어 구해 보세요.

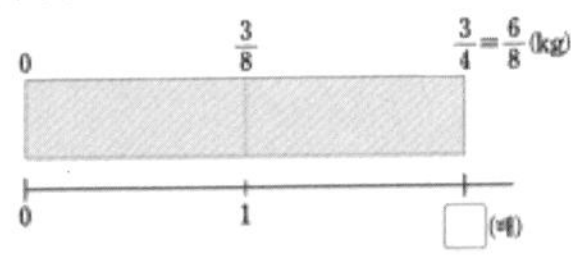

- $\frac{3}{4} \div \frac{3}{8}$을 어떻게 계산했는지 이야기해 보세요.

- 슬기가 $\frac{3}{4} \div \frac{3}{8}$을 다음과 같이 계산했습니다. □ 안에 알맞은 수를 써넣으세요.

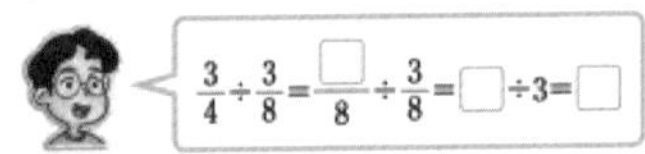

- 연수가 캔 조개양은 슬기가 캔 조개양의 몇 배인가요?

2015 개정 교육과정 6학년 2학기 수학 교과서 14쪽

는 걸 알기 때문에 자신감에 차 있을 것입니다. 첫 번째 학생은 교과서에 등장하는 슬기처럼 $\frac{3}{4} \div \frac{3}{8}$ 나눗셈 개념을 계산 방법 위주로 설명합니다.

$$\frac{3}{4} \div \frac{3}{8} = \frac{\square}{8} \div \frac{3}{8} = \square \div 3 = \square$$

이 학생은 수학을 공부할 때 계산 방법을 암기하고 문제를 해결합니다. 평소에 많은 문제를 풀기 때문에 다양한 문제 유형에 익숙한 학생입니다. 하지만 사고력을 요하는 새로운 유형의 문제에는 약점이 보입니다. 두 번째 학생은 교과서에 있는 개념 설명 방법을 토대로 문제를 해결하는 학생입니다. 개념 도입 부분에 사용한 그림, 표, 수직선 등을 문제 풀 때 활용함으로써 개념을 정교화합니다. 또한 '왜 이렇게 풀어야 할까?', '왜 이 문제에는 이런 조건이 있는 걸까?'와 같이 '왜'라는 질문을 하면서 학습을 합니다.

첫 번째 학생은 이 식에는 어떤 개념과 원리가 있는지 말하지 않고 오로지 계산 방법에 집중하여 설명합니다. 즉 개념을 이해하지 않고 계산 방법을 암기하는 학생입니다. 초등학교 때까지는 이 방법이 어느 정도 통합니다. 왜냐하면 중학교 문제와 다르게 조건을 나누는 문제, 문제를 분석하는 문제, 그래프를 그려야 하는 문제, 복잡한 계산이 포함된 문제가 많지 않기 때문입니다. 하지만 수학은 개념을 이해하고 적용해야 합니다. 암기만 해서는 분명 한계가 있습니다.

두 번째 학생은 오늘 학습한 분수의 나눗셈 개념을 교과서 14쪽 내용을 토대로 설명하고 이해합니다. 왜 몇 배를 알아야 하는지, 왜 분수의 나눗셈 계산을 해야 하는지, 분수의 나눗셈을 계산할 때 수직선을 이용하는 방법과 분수의 나눗셈 계산 원리를 교과서 흐름대로 설명합니다. 교과서를 보고 설명하지 않고 하얀 백지에 자신이 수와 그림, 수직선 등을 나타내서 설명합니다. 이 학생은 많은 문제를 풀지 않고 학원을 다니지 않습니다. 수학 문제집 한 권을 사서 공부합니다. 자신만의 수학 개념 노트 필기 공책이 자신의 보물 1호라고 말합니다.

우리 아이는 두 학생 중 어느 쪽에 가까운 학생일까요?

왜 개념을 이해하지 않고 필요한 공식만 암기하면 안 될까요? 왜 중학교에서는 이 방식이 통하지 않을까요?

길 가는 중학생들을 붙잡고 중학교 수학을 어떻게 생각하는지 물어본다면 아마 많은 학생들이 초등학교 때와는 다르다고 대답할 것입니다. 배우는 내용만 달라진 게 아니라 해결해야 하는 문제의 유형과 난이도가 크게 변합니다. 이 변화에 적응하려면 초등학교 때부터 개념을 이해하는 연습을 반복해야 합니다. 공식 암기는 필수입니다. 하지만 공식을 암기하기 전에 개념을 이해하고 공식이 나오는 과정을 스스로 설명할 수 있어야 합니다. 스스로 설명할 수 있으려면 A4용지에 오늘 배운 내용을 쓸 수 있어야 합니다. "오늘 공부한 내용을 모두 이해했니?"라고 물으면 대부분의 학생이 고개를 끄덕입니다. 하지만 정작 A4용지에 오늘 배운 걸 써보라고 하면 대부분 암기한 계산 방법을 적어냅니다. 암기한 수학 내용만으로는 중학교 수학을 잘할 수 없습니다. 반드시 내가 배운 내용을 쓴 후 설명하는 과정을 거쳐봐야 합니다.

예를 들어 중학교 1학년 중간고사를 본다고 가정하겠습니다. 시험 범위는 교과서 1~4단원입니다. 시험 당일 아이가 시험을 보는 데 예상치 못한 문제가 생겼습니다. 문장제 문제가 나왔는데 1~4단원 중 어느 단원의 수학 개념을 이용해서 해결해야 하는지 갈피를 잡지 못하는 것입니다. 공식만 암기한 학생은 이런 유형의 문제를 해결할 수 없습니다. 왜냐하면 공식을 적용할 수 있는 단서가 없기 때문이지요. 문장제 문제를 읽고 내가 적용해야 하는 개념을 발견하기 위해서는 평소에 교과서에 나와 있는 개념 설명을 이해하고 자신의 언어로 표현하는 훈련을 해야 합니다.

개념을 이해하지 않고 수학을 공부할 수는 있지만 더 높은 수준으로 올라가는 데는 한계가 있습니다. 아무리 오르려고 해도 미끄러지기 마련입니다.

개념을 이해해야 하는 이유는 어떤 문제가 나오더라도 해결할 수 있는 수학적 사고가 필요하기 때문입니다. 암기로는 수학적 사고를 할 수 없습니다. 초등학교 때 통했던 방법이 중학교, 고등학교 때는 통하지는 않습니다.

초등학교부터 고등학교까지 통하는 수학을 학습하기 위해서는 개념과 원리를 이해하고 자신만의 언어로 표현하는 연습을 해야 합니다. 이 연습을 다양한 유형의 문제에 적용해야 합니다. 단 한 번의 학습으로는 개념을 제대로 이해할 수 없습니다. 계속해서 보충하고 확인해야 합니다.

> 대부분의 학생이 자기가 오늘 배운 개념을 제대로 이해하고 있는지조차 파악하지 못합니다. A4용지에 오늘 배운 개념을 쭉 써볼 수 있도록 해주세요. 무엇보다 훌륭한 개념 학습이 됩니다.

수학 공부,
어떻게 시작해야 할까요?

"도대체 수학은 어떻게 시작해야 해요?"

학부모님께도 많이 듣는 질문이지만, 학생들 역시 제게 이런 질문을 많이 합니다. 어떻게 시작하면 좋겠냐는 물음에는 어떻게 하면 수학을 잘할 수 있는지, 수학을 정말 잘해보고 싶다는 간절한 마음이 담겨 있습니다.

"선생님, 수학 공부를 하고 싶은데 어떻게 시작해야 할까요?"

"선생님, 어떤 문제집이 좋을까요?"

대부분의 학생들이 어떻게 수학 공부를 시작해야 하는지 모르고 있습니다.

2019 초4 수학·과학 성취도 상위국 순위

수학			과학		
순위	국가	평균	순위	국가	평균
1	싱가포르	625	1	싱가포르	595
2	홍콩	602	2	대한민국	588
3	대한민국	600	3	러시아 연방	567
4	대만	599	4	일본	562
5	일본	593	5	대만	558
6	러시아 연방	567	6	핀란드	555
7	북아일랜드	566	7	라트비아	542
8	영국	556	8	노르웨이(5학년)	539
9	아일랜드	548	8	미국	539
10	라트비아	546	10	리투아니아	538

우리나라는 전 세계에서 수학, 과학 성취도가 가장 높은 나라 중 하나입니다. TIMSS(수학·과학 성취도 추이변화 국제비교 연구)는 4년 주기로 세계 각국 초등학교 4학년과 2학년 학생들의 수학·과학 성취도를 측정합니다. 2019년에는 58개국 초등학생과 39개국 중학생이 참여했는데 결과는 위와 같습니다.

우리나라 초등학교 4학년 아이들이 전 세계에서 수학은

3위, 과학은 2위를 차지하고 있습니다. 우리 아이들이 얼마나 공부를 잘하는지 알 수 있는 객관적인 지표입니다. 즉 우리 아이들에게는 언제든 수학 공부를 시작할 수 있는 능력이 있습니다. 또 시작만 하면 더 높은 곳으로 올라갈 수 있는 잠재력도 있습니다. 문제는 초등 4학년 학생의 수학, 과학 자신감은 58개국 중 57위로 필리핀 다음으로 낮다는데 있습니다. 중학교에 올라가서도 수학에 대한 자신감은 39개국 중 36위에 불과합니다. 거의 최하위 수준이지요. 우리 아이들은 수학 성취도 면에서는 매우 월등하지만 수학 자신감은 최하위입니다. '어쨌든 성취도 순위가 높으니까 괜찮은 거 아닌가?'라고 생각할 수 있습니다. 하지만 이 순위는 어디까지나 평균 수치임을 기억해야 합니다. 세계적인 기준에서 우리나라 아이들은 '전체적으로' 수학, 과학을 잘합니다. 그러나 국내 기준으로 대부분의 아이들은 이 평균보다 하위권에 속하는 성적을 받겠지요. 흥미도는 평균 수치 자체가 낮기 때문에, 대부분의 아이들이 수학에 대해 거의 흥미를 느끼지 못한다고 생각하는 것이 맞을 것입니다. 이런 상황에서라면 대부분의 아이들에게 상위권 수학을 기대하기는 힘듭니다. 수학 흥미도가 낮다는 객관적 증거를 토대로 보면, 겉으로는 세계 최고 수준으로 수학을 잘

해내는 것처럼 보이는 우리 아이들은 수학을 공부하는 게 아니라 수학 공부를 '당하고' 있다고 봐야 합니다. 우리 아이들이 수학 공부를 제대로 시작하기 위해서는 수학 공부를 '당하고' 있어서는 안 됩니다. 수학 공부를 '해야' 합니다. 우리 아이들이 조금이라도 즐겁게 수학 공부를 할 수 있도록 아이의 상태와 현재 수준을 확인하고 다양한 방법을 제시할 필요가 있습니다.

우리 아이들은 크게 두 가지 목적으로 수학을 시작하고 있습니다.

첫째, 선행학습입니다. 선행을 목적으로 수학 공부를 시작하는 경우 대부분 공부 장소는 학원입니다. 학원에서 정한 스케줄에 따라 수업을 받고 학원에서 사용하는 교재를 사용합니다. 학원에 들어가는 순간 학생이 아니라 학원이 수학 공부를 시작하지요. 수학만큼 스스로 공부해야겠다는 마음을 다잡는 것이 중요한 과목도 없습니다. 엄마가 보내서 가는 학원의 경우, 공부를 해야겠다는 의지를 다지기가 쉽지 않습니다. 학원에서는 진지하게 수학 공부를 시작한다기보다 남들이 공부하는 모습을 둘러본다고 봐야 합니다. 다른 아이들은 어떻게 공부하는지, 어떤 교재를 사용하는지 등을 알아보는 정도에 그치는 경우가 많습니다.

선행학습으로 수학 공부를 시작하기 위해서는 다음 세 가지가 전제되어야 합니다. 첫 번째, 현재 학년의 수학을 반드시 복습해야 합니다. 5학년 학생이 6학년 과정을 선행한다고 가정한다면, 5학년 1~2학기 문제집을 한 권씩 사서 모두 푼 후 6학년 선행학습으로 넘어가야 합니다. 100미터 달리기를 하더라도 시작 전에 운동화 끈을 확인하고 호흡도 고르며 준비하는 과정이 필요합니다. 이전에 달렸던 경험을 떠올리며 이미지 트레이닝을 하는 것도 기록에 도움을 주겠지요. 이런 과정이 있어야 달리기를 시작할 수 있습니다. 수학도 마찬가지입니다. 선행학습을 하기 전에는 복습을 해야 합니다. 두 번째, 선행학습을 시작하기 전 내가 무엇을 공부하고 있는지 살펴봐야 합니다. 몇몇 공부 전문가들은 공부하기 전 차례를 확인해보라고 조언합니다. 차례를 보면 내가 공부할 내용이 무엇인지 파악할 수 있습니다. 복습의 경우와 다르게 선행학습은 이전에 학습하지 않은 내용을 공부하는 것이기 때문에 내가 무엇을 공부해야 할지 알지 못합니다. 그러므로 차례를 보면서 각 단원에서 학습할 수학 개념이 무엇인지 알아야 합니다. 예를 들어 1단원이 분수의 곱셈이라면 이전에 학습한 분수의 덧셈과 뺄셈을 떠올려야 합니다. 그리고 자연수의 곱셈과는 무엇이 다를지 생각해야 합니다. 이렇게 꼬리에 꼬리를 무는 질문이 있어야 호기심이 생기고 공부할 욕심이 생깁니다. 수학은 욕심이 필요합니다. 이 욕심이 우리 아이들을 성장시키고 수학을 포기하지 않게 만들어줄 것입니다. 궁금한 게 있으면 해결해야 합니다. 궁금증이 가득한 선행학습이 수학 공부의 시작입니다. 세 번째, 마무리하는 자세를 잊지 말아야 합니다. 6학년 학생을 3월 초에 만나서 5학년 겨울 방학 때 어떻게 지냈는지를 물어보면 대다수의 학생이 수학과 영어 선행학습을 하느라 바빴다고 이야기합니다. 문제집을 한 권이라도 제대로 풀었냐고 물어보면 대다수의 학생은 웃기만 합니다. 선행학습이라고는 해도 문제집 한 권을 제대로 푼 학생이 없습니다. 물론 학원에서 사용하는 교재는 진도를 맞춰야 하기 때문에 다 푸는 경우가 있습니다. 하지만 그마저도 이러저러한 이유로 학원을 빠진 날이 생기면 문제집을 완벽하게 끝내지 못합니다. 그런 식으로 이 빠진 듯 풀어놓은 문제집이 책장 한가득입니다. 수학 공부는 시작도 어렵지만 제대로 마무리하기는 더 어렵습니다. 그렇기 때문에 아이들이 수학 공부를 시작하기 전에 반드시 마지막까지 수학 공부를 할 수 있도록 지켜보고 격려해줘야 합니다.

둘째, 복습으로 수학 공부를 시작하기 위해서입니다. 이 경우 다음 세 가지가 전제되어야 합니다. 첫 번째, 대충은 없습니다. 복습을 시작한 이상 대충 개념을 이해하고, 문제집을 풀어서는 안 됩니다. 꼼꼼하게 개념을 이해하고 문제 하나하나 분석하는 습관을 키워야 합니다. 대부분의 학생이 복습을 대충 합니다. 이유는 간단합니다. 이미 한 번 배웠기 때문에 굳이 개념을 읽을 필요가 없습니다. 하지만 막상 문제를 풀다 보면 모르는 문제, 틀리는 문제가 생깁니다. 이때 학생들이 많이 하는 변명이 있습니다. 실수라는 것입니다. 실수일 뿐이니 해설지를 슬쩍 보고는 '아, 이거 아는 거네.' 하고 넘어가버립니다. 수학에 실수는 없습니다. 실수 또한 실력입니다. 실수를 줄이기 위해서는 꼼꼼히 공부해야 합니다. 알고 있는 개념이라고 생각하지 말고 처음 보는 개념이라 생각하고 차근차근 익혀야 합니다. 문제를 해결할 때는 식부터 계산까지 두 번 세 번 살펴보고 정답을 적어야 합니다. 두 번째, 1단원부터 학습하지 않습니다. 1단원부터 학습할 경우 반드시 전체 단원을 학습한다고 자신과 약속해야 합니다. 이전에도 말씀드렸지만 대부분의 학생들이 교과서, 참고서, 문제집의 1단원만 깨작대다가는 수학을 포기합니다. 수학 공부를 시작할 때마다 1단원만 공부하기 때문에 이듬해 1단원을 만나더라도 같은 결과가 나올 수밖에 없습니다. 복습은 이미 학습한 내용을 다시 공부하는 개념이기 때문에 반드시 1단원부터 학습할 필요가 없습니다. 가장 추천 드리는 방법은 내가 가장 공부하기 싫은 단원을 먼저 공부하는 것입니다. 많은 학생이 내가 제일 좋아하는 단원 또는 내가 제일 잘하는 단원만 공부하려고 합니다. 하지만 이건 옳지 않습니다. 우리가 복습을 하는 이유는 내가 부족한 부분을 채우기 위해서입니다. 그러므로 내가 가장 공부하기 싫은 단원, 내가 잘 모르는 개념이 있는 단원을 먼저 공부해야 합니다. 공부를 시작할 때 가장 열정이 넘치기 때문에 시작점에 가장 약점인 단원을 공부하는 것을 추천합니다. 세 번째, 오답 노트를 준비해야 합니다. 오답 노트는 선행학습, 복습에서 모두 사용해야 하는 도구 중 하나입니다. 오답 노트는 내가 틀린 문제를 정리한 후 틀린 이유와 풀이 방법 등을 적은 노트이므로 특히 복습을 하는 과정에서 내 약점을 보완하게 됩니다. 많은 학생이 틀린 문제를 다시 풀기 싫어합니다. 하지만 틀린 문제를 다시 풀지 않으면 계속해서 오답의 수만 늘어갈 뿐입니다. 또한 오답 노트는 한 번만 보는 노트가 아닙니다. 여러 번 봐야 하는 노트입니다. 반복해서 보다 보면 '틀린 문제'가 '맞을 수 있는 문제'로 바뀌는 과정을 통해 수학에 자신감을 얻을 수 있게 됩니다.

학년 초, 본격적인 학습에 들어가기 전 교과서와 문제집의 차례를 훑어보는 습관을 기를 수 있도록 해주세요. 이미 배운 내용과 어떤 연관이 있는지, 앞으로 배울 내용은 무엇일지 떠올리며 '공부 욕심'을 키울 수 있습니다.

매 학기 첫 단원은 제가 제일 잘해요

tvN의 인기 드라마 〈응답하라 1988〉을 보면서 인상 깊게 본 장면이 있습니다. 주인공 덕선이의 친구들이 서울대 수학교육과에 다니고 있는 덕선이 언니 성보라에게 개인 과외를 받는 장면입니다. 성보라가 덕선이와 친구 동룡이의 《수학의 정석》을 보면서 한 말이 있습니다. "너네 집합만 공부했지?" 드라마의 배경인 당시에는 집합이 《수학의 정석》 첫 단원이었습니다. 첫 단원만 수없이 반복한 덕선이는 집합이 제일 자신 있다고 이야기합니다. 정작 덕선이가 집합 개념을 제대로 이해하고 집합과 관련된 문제를 제대로 해결할 수 있을지는 의문이 듭니다. 덕선이의 공부 습관과 방법을 보면 집합 단원을 열심히 공부했다기보다는 그냥 집합과 무의미하게 시간을 보냈을 뿐입니다.

초등학교 교실에서도 종종 이와 같은 일이 벌어집니다. 매학기 수학 첫 단원 수업 시간에는 모든 아이들이 초롱초롱한 눈으로 수업을 듣습니다. 선생님 말 하나하나에 집중하고 이미 다 알고 있는 내용이라는 시선을 보냅니다. 하지만 1단원 후반부터는 학생들의 집중력이 떨어집니다. 2단원에 들어가면 수학을 포기하는 아이들이 다시 생기기 시작합니다.

우리는 무엇이든 처음부터 시작하는 것에 익숙합니다. 그도 그럴 것이 책도 영화도 처음부터 보지 않으면 내용을 파악할 수 없으니까요. 이 익숙함이 나쁜 것은 아닙니다. 처음부터 시작해서 끝까지 해낸다면 아무 상관이 없지요. 문제는 대부분 시작하자마자 포기한다는 데 있습니다. 처음 공부했던 내용을 좀처럼 벗어나기가 어렵습니다. 특히 한 번 수학을 포기했다가 다시 시작하는 경우 첫 단원부터 공부를 하게 되면 이전에 공부했던 내용이라 대충 공부하게 됩니다. 또 무엇보다 지루합니다. 수포자 아이들이 절대 해서는 안 되는 행동이 첫 단원부터 공부를 시작하는 것입니다.

매 학기 첫 단원만 잘하는 아이로 키워서는 안 됩니다. 모든 단원을 잘하는 아이로 키워야 합니다. 모든 단원을 잘하는 아이로 키우기 위해서는 우리 아이의 학습 습관을 점검해야 합니다. 공부를 시작하고 금방 포기하는 것은 아닌지, 수학 공부를 하는 방법은 알고 있는지, 첫 단원만 공부하고 이후 단원은 포기하고 있지 않은지 점검할 필요가 있습니다. 이 과정에서 가장 중요한 것은 아이와의 약속입니다. 부모님과 정한 문제집 한 권을 언제까지 다 풀지 약속해야 합니다. 계획을 세우고 난 후 가장 중요한 것은 실천입니다. 계획은 거창하게 세웠지만 실천하지 않으면 아무런 의미가 없습니다. 아이들은 수학을 공부할 때 첫 단원부터 계획을 세우고 실천합니다. 하지만 대개 파도에 휩쓸리는 모래성처럼 무너집니다. 다시 쌓으려고 해도 엄두가 나지 않습니다. 이때 학부모님께서 도와줘야 합니다. 다시 성을 쌓아올릴 수 있다는 믿음을 줘야 합니다.

우리 아이들에게 이렇게 이야기해주세요. '네가 첫 단원을 제일 잘하는 이유는 가장 많이 그리고 가장 열심히 공부했기 때문'이라고요. 다른 단원도 첫 단원을 공부하는 것처럼 많이, 열심히 공부하면 된다고 말이죠. 아이들은 자신이 첫 단원을 얼마나 많이 공부했는지 모릅니다. 그럴 때는 아이들이 이제까지 풀다 만 문제집을 보여주세요. 과연 어디까지 공부했는지 말이죠. 공부한 내용은 어느 정도 알고 있지만 공부하지 않은 내용은 아예 모르고 있다는 것을요. 아이 스스로 문제점을 느껴야 합니다. 내가 그간 모래성을 너무 약하게 쌓은 것은 아닌지, 파도가 닿을 만큼 바닷물에 가까이 짓고 있는 것은 아닌지 말이지요. 아이들은 문제를 발견하면 해결하고 싶어 합니다. 아이들이 문제를 발견하게 해주세요. 그리고 해결하는 과정을 지켜봐주세요.

아이들의 "이제 알거 같아요."라는 말을 믿지 마세요. 어른들도 마찬가지입니다. 잘 모르는데 이 상황을 빨리 벗어나고 싶어서 또는 '시간이 지나면 알게 되겠지.' 싶은 마음으로 잘 모르는데 안다고 할 때가 있습니다. 우리 아이들도 마찬가지입니다. 틀린 문제를 알려주면 이제 풀 수 있다고 대답합니다. 정말 풀 수 있을까요? 비슷한 문제 몇 개를 선정한 후 풀어보라고 하면 아마 거의 대부분 풀지 못합니다. 같은 부분에서 실수하고 틀리게 됩니다. 우리 아이들이 이제 알 것 같다는 말을 하면 반드시 정말 알고 있는지 확인해야 합니다. 풀이 과정을 설명해보라고 해야 합니다. 풀이 과정 한 줄 한 줄마다 질문해야 합니다. 왜 이렇게 풀어야 하는지 말이지요. 이 과정은 부모에게도 아이들에게도 매우 힘든 일로, 서로에게 스트레스를 줄 수 있습니다. 하지만 이 과정을 견뎌내야만 우리 아이들이 제대로 수학 공부를 할 수 있습니다.

> 첫 단원을 잘하는 이유는 첫 단원을 가장 많이 공부했기 때문입니다. 풀다 만 문제집을 꺼내어 다시 시작할 수 있도록 격려해주세요. 아이들도 문제를 발견하면 해결하고 싶어합니다.

학원 진도를 못 따라가겠어요

제가 예비 고1이었을 때, 저는 부모님이 알아봐주신 수학 학원에 다녔습니다. 아이들은 가방에 무거운 《수학의 정석》과 연습장을 들고 다녔습니다. 학원 선생님이 짜준 진도에 맞춰 수업을 듣고 집에 가서 선생님이 내준 숙제를 해야 했습니다. 저 역시 이때까지도 시키는 대로 수학을 공부하는 학생이었습니다. 한 3주까지는 학원 수업을 열심히 듣고 숙제도 곧잘 했지만 진도가 점점 빨라지고 배우는 내용이 어려워지면서 뒤쳐지기 시작했습니다. 학원에 가야 하는 시간이 다가올수록 머리가 아파왔습니다. 온갖 핑계를 동원해서 학원에 안 가려고 했지만 어머니는 꼬박꼬박 저를 학원까지 데려다

주셨습니다. 억지로 학원에 가서 책상에 앉으면 선생님의 말은 하나도 귀에 들어오지 않았습니다. 그저 시간이 흐르기를 염원하면서 학원 벽에 걸린 시계를 바라봤지요. 수업이 끝난 후 선생님이 내준 숙제를 집에 가지고 와서도 제대로 문제를 풀 수가 없었습니다. 스스로 공부를 하려고 책을 펴보아도 어디부터 시작해야 할지 감을 잡지 못하고 문제가 안 풀리니 힘도 빠집니다.

학원 또는 인터넷 강의, 방문 수업 등 대부분의 수학 사교육은 학교보다 진도가 빠릅니다. 아이들은 어느 정도 학원 진도를 따라가지만 어려운 수학 개념이 나오기 시작하면서 점점 뒤처지기 시작합니다. 이때 아이들이 가장 많이 사용하는 방법이 계산 원리를 암기하는 것입니다. 예를 들어 분수의 덧셈과 뺄셈을 할 때 왜 통분(둘 이상의 분수의 분모를 같게 만드는 것)해야 하는지는 생각하지 않습니다. 무조건 통분을 한 뒤 분자끼리 덧셈 또는 뺄셈을 합니다. 이 방법의 가장 큰 문제점은 응용 문제와 문장형 문제를 전혀 해결하지 못한다는 것입니다. 그리고 이어지는 분수의 곱셈과 나눗셈을 이해하는 데도 문제가 생깁니다.

학원 진도를 따라가지 못하면 아이들의 마음은 점점 급해집니다. 그리고 지치기 시작합니다. 마음은 급한데 이해는 되지 않아서 점점 더 공식을 암기하는 데 매달리지요. 중학교 수학에서 이런 공식 암기는 통하지 않습니다. 물론 수학에도 일정 부분 암기가 필요하지만 이해하지 못한 채로 한 암기는 수포자가 되는 지름길입니다. 학원에 가는 이유는 부족한 부분을 채우고 잘하는 부분은 더 잘하기 위해서입니다. 하지만 학원 진도를 따라가지 못하면 시간과 돈을 낭비하는 것은 물론 아이의 학습 능력도 지연시킵니다.

학원 진도를 따라가지 못하는 아이라면 억지로 학원에 보내서는 안 됩니다. 학원은 여러 명의 학생이 같이 다니기 때문에 한 아이를 위해서 진도를 늦출 수 없습니다. 몇몇 학원에서 보강을 해주긴 하지만 이것 또한 계속해서 해줄 수는 없습니다. 만약 학원 또는 가정에서 학원 진도를 맞추는 데 한계가 있다면 일단 학원을 그만둬야 합니다. '학원은 학원대로 다니고 못 따라 잡은 진도는 집에서 따라 잡아야지.'라는 생각은 욕심입니다. 이미 학원 진도에 지쳐 있는 아이에게 가정 학습까지 병행하라고 요구하기는 어렵습니다. 일단 학원을 그만둔 후 아이가 학원에서 갖고 온 문제집을 살펴봐야 합니다. 어떻게 공부했는지, 어디까지 공부했는지, 학습한 내용 중 어디까지 이해하고 있는지 파악해야 합니다. 이때 아이에게 "이 문제 빨리 풀어봐.", "너 공부 이거밖에 안 했어?"와 같은 부정적인 표현은 하지 않도록 주의해야 합니다. 비록 학원에서는 1:1 교육을 하는 데 어려움이 있었지만 아빠와 엄마는 너를 위해 1:1 교육을 할 준비가 되어 있다는 믿음을 줘야 합니다. 아이의 상태를 파악하고 아이의 마음을 안정시킨 후 부족한 진도를 채워나가야 합니다. 학교 진도보다 우리 아이의 진도가 늦어도 상관없습니다. 천천히 가더라도 수학 개념과 원리를 아이 스스로 설명하고 다양한 유형의 문제에 적용할 수 있을 때까지 지켜보고 격려해줘야 합니다.

우리 아이가 갖고 온 문제집을 확인하는 방법은 다음과 같습니다.

먼저 어디까지 학습했는지 확인합니다. 문제집을 어디까지 풀었는지 보면 알 수 있습니다. 우리 아이가 문제를 푼 흔적을 천천히 살펴봅니다. 개념을 제대로 이해하고 풀고 있는지 아니면 공식을 암기해서 문제를 해결했는지 확인해야 합니다. 예를 들어 1~3단원까지 문제를 푼 흔적이 있다고 가정해보겠습니다. 대부분의 아이들이 단 세 단원 안에서도 힘들어하는 문제를 반드시 만납니다. 모든 문제를 해결하지 않은 경우, 별표나 틀린 표시가 많은 경우, 풀이 과정이 뚜렷하게 나타나지 않은 경우, 숫자를 또박또박 쓰지 않은 경우라면 '이 부분을 힘들어하는구나.'라고 생각하면 됩니다.

절대로 대충 살펴보면 안 됩니다. 한 쪽 한 쪽 천천히 살펴보세요. 우리 아이는 분명 노력했습니다. 하지만 아이에게 맞지 않은 수업을 받았고, 궁금한 게 많아서 다음 단원을 학습할 준비가 되지 않았을 수 있습니다. 그러므로 우리 아이의 노력과 흔적이 남아 있는 문제집을 보면서 아이의 문제점과 노력을 함께 발견해야 합니다.

학원 진도를 따라가지 못하는 아이를 억지로 학원에 보내지 마세요. 학원 진도를 버거워 한다면, 과감하게 학원을 끊고 이제까지 공부한 내용을 정리하는 시간을 갖도록 합니다.

공식만 암기하면 되는 거 아니에요?

수학은 분명 암기가 필요한 과목입니다. 영어 단어 암기에 비할 바는 아니지만, 어느 정도 개념과 공식을 암기해야 하는 과목입니다. 여기서 문제는 우리 아이들이 무의미한 암기를 한다는 것입니다. 교과서에서는 직사각형의 넓이를 학습할 때 단위 넓이를 도입한 후 직사각형의 넓이를 구하는 방법을 설명합니다. 내가 측정하고자 하는 직사각형 안에 1cm^2의 단위 넓이가 가로와 세로에 몇 개씩이 들어가는지 수를 세어서 넓이를 계산할 수 있도록 하는 것입니다. 단순히 '직사각형의 넓이=(가로의 길이)×(세로의 길이)'라고 알려주고 문제를 풀도록 하지 않습니다. 하지만 우리 아이들은 단위 넓이를 도입하는 이유와 과정을 생각하지 않습니다. 왜냐하면 이 귀찮은 과정을 몰라도 직사각형의 넓이를 구하는 공식만 알면 문제를 해결할 수 있기 때문입니다. 사실 교과서에 주어진 문제들의 대부분이 계산 원리와 공식만 알고 있다면 해결할 수 있는 것들입니다.

이 글을 읽고 있는 대부분의 학부모님도 직사각형의 넓이 공식을 설명하는 방법을 잊고 계실 겁니다. 공식은 기억하지만 이 공식이 어떻게 나왔는지 설명하라고 하면 당황할 수 있습니다. 오래전부터 공식만 알아도 충분히 도형의 넓이를 구할 수 있었고, 사는 데도 큰 지장이 없었기 때문입니다. 하지만 공식만 암기하는 공부에는 분명히 한계가 있습니다.

수학은 한 문제에 다양한 풀이가 있습니다. 다양한 풀이를 생각해야 하는 이유는 다양한 풀이를 생각함으로써 수학적 사고력, 문제해결력, 추론 능력을 기를 수 있기 때문입니다. 또 수학의 매력을 느낄 수 있습니다. 한 문제에 이렇게 다양한 풀이가 있다는 걸 아는 순간 아이들은 수학에 흥미를 갖게 됩니다. 어제까지는 다섯 줄이 넘는 풀이 과정으로 문제를 해결했는데 오늘은 두 줄만으로도 문제를 해결하는 성취감을 맛볼 수 있습니다. 공식만을 암기하는 아이들은 다양한 풀이를 생각하지 않습니다. 오로지 한 가지 방법만 사용합니다. 공식만으로 문제를 해결하는 아이들은 고등학교에 가서 보는 수학 시험에서 좋은 점수를 얻지 못합니다. 예를 들어 고등학교에 들어가면 모의고사를 봅니다. 모의고사는 현재 초등학교에서 보는 단원 평가와는 차원이 다릅니다. 초등학교에서는 문제를 풀면서 어느 단원의 어떤 유형의 문제인지를 알려주고 시작합니다. 하지만 모의고사는 시험 범위를 알려주고 30개의 문항만을 제시합니다. 각 문항이 어떤 단원과 관련이 있는지 어떤 수학 개념과 관련이 있는지를 파악하고 해결해야 합니다. 초등학교의 단원 평가는 3단원이면 3단원, 4단원이면 4단원, 문제 자체에 단원의 성격이 그대로 나타나기 때문에 공식을 암기해도 좋은 점수를 받을 수 있는 가능성이 높았습니다. 하지만 중학교, 고등학교에서는 이 방법이 통하지 않습니다.

직사각형의 넓이를 구할 때 우리 아이들에게 다양한 방법으로 풀어보도록 할 필요가 있습니다. 단위 넓이로 푸는 방법, 다른 도형의 넓이를 이용하여 푸는 방법, 공식에 적용하는 방법을 생각해볼 수 있습니다. 공식에 수를 대입해서 답을 구하는 것도 분명 중요하지만 더욱 중요한 것은 공식을 설명할 수 있어야 하고 어떤 상황에서도 응용할 수 있어야 합니다. 그렇기 때문에 아이들에게 수학 개념을 탐구할 수 있는 기회를 제공하고 다양한 문제에 탐구한 개념을 적용할 수 있게 해야 합니다. 한 문제를 한 가지 방법으로만 풀기보다는 다양한 풀이 방법을 생각해보는 습관이 우리 아이가 수학을 암기만 하지 않게 만듭니다.

단위 넓이로 푸는 방법

- 1cm² 를 이용하여 평행사변형의 넓이를 어떻게 구하면 좋을지 이야기해보세요.

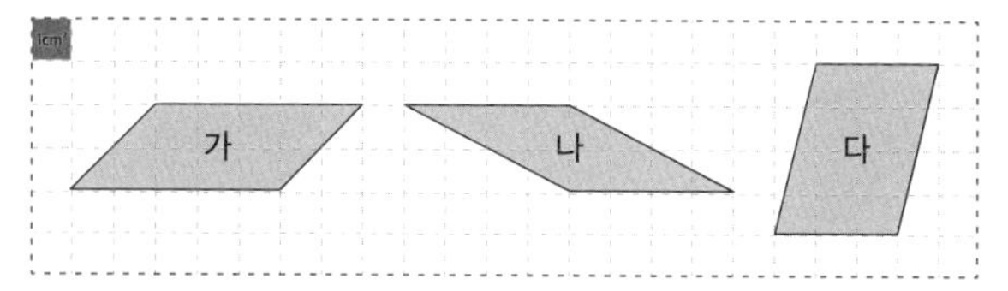

다른 도형의 넓이를 이용하여 푸는 방법

- 평행사변형을 다른 도형으로 바꾸어 넓이를 구하는 방법을 알아봅시다.

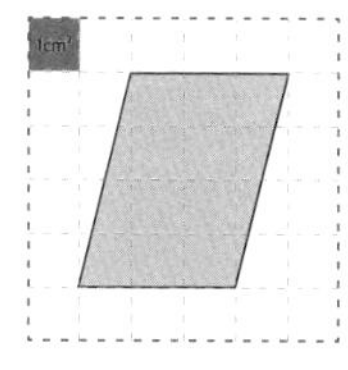

공식에 적용하는 방법

● 넓이를 구하는 방법을 이용하여 물음에 답해봅시다.

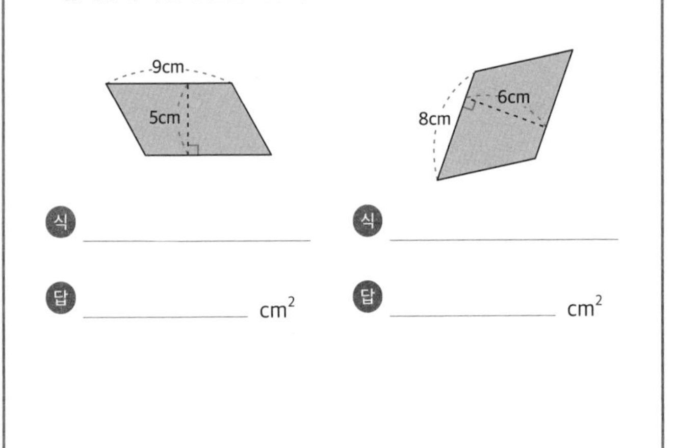

한 문제를 다양하게 푸는 습관을 들이도록 해야 합니다. 공식을 암기하기보다는 공식을 설명하고 응용하는 습관을 통해 아이의 수학 실력이 성장하게 됩니다.

틀린 문제는 다시 풀기 싫어요

아이들이 수학 공부에서 가장 힘들어하는 부분은 아마도 틀린 문제를 다시 푸는 일이 아닐까요? 수학 공부를 한다는 자체만으로도 힘든데 틀린 문제를 다시 푸는 것은 더더욱 힘든 일입니다. 간혹 아이들이 집과 학원에서 푼 문제집을 학교에 갖고 올 때가 있습니다. 아이들이 맞은 문제와 틀린 문제를 대하는 태도는 똑같습니다. 맞은 문제도 다시 풀지 않고 틀린 문제 또한 다시 풀지 않습니다. 다른 점이라면 단 하나, 틀린 문제의 경우 해답과 해설을 확인합니다. 어떻게 풀어야 했던 문제인지 해설을 읽고 넘깁니다. 내가 왜 틀렸는지 분석하지 않고, 다시 문제를 풀어보지 않습니다. 해설을 봤기 때문에 다 안다고 생각합니다.

아이뿐만 아니라 어른 또한 틀린 문제를 다시 푸는 걸 좋아하지 않습니다. 어른에게도 힘든 일을 우리 아이들에게 강제로 하라고 할 수는 없습니다. 하지만 틀린 문제를 다시 푸는 일은 수학 공부에서 무엇보다 중요한 부분입니다. 틀린 문제를 어떻게 해결하느냐에 따라서 아이의 수학 성적이 변합니다. 아이들이 이 과정의 필요성을 느끼고 스스로 할 수 있도록 방법을 알려줘야 합니다.

틀린 문제를 다시 풀기 싫은 이유는 내가 못한다는 걸 인정하기 싫어서입니다. 교과서를 통해 개념을 익히고 수학책에 있는 문제를 모두 풀었는데도 문제집의 문제가 풀리지 않습니다. 분명히 공부했는데 내가 푼 문제의 대부분이 틀렸다는 걸 아는 순간 아이들은 좌절하고 두 번 다시 문제를 쳐다보려 하지 않습니다. '문제가 너무 어려워서 그래.', '다른 문제집을 풀면 돼.'와 같은 변명거리를 찾고 자기 위로를 합니다. 별다른 해결책 없이 오랜 시간이 지날수록 아이의 수학 흥미와 실력은 떨어집니다. 학교에서 활동지 또는 단원 평가를 한 후 틀린 문제를 고쳐오라고 하면 아이들의 표정은 일그러집니다. 귀찮음 반, 짜증 반이 섞여 있습니다. 아이들은 틀린 문제를 어떻게 고쳐야 할지 생각하지 않고 내가 얻은 점수만 생각합니다. 이 과정에서 아이들은 더더욱 스트레스를 받게 되고 수학이 싫어집니다.

아이로 하여금 틀린 문제를 내 실력을 점검하는 기회로 삼을 수 있게 해야 합니다. 줄넘기도 처음에는 힘들지만 연습하면 성공하는 횟수가 늘어나듯, 처음에는 틀린 문제를 분석하고 다시 푸는 게 힘들지만 습관이 되면 충분히 해낼 수 있다는 자신감을 세워줄 필요가 있습니다. 우리 아이가 어떤 문제를 틀렸는지 한 번 살펴보세요. 아이가 어떻게 문제를 풀었는지 풀이 과정을 보세요. 그러면 우리 아이의 약점과 부족한 부분을 파악할 수 있습니다. 잔소리로 해결하기보다는 함께 문제를 푸는 방법을 고민하고 풀이 과정을 한 줄 한 줄 가만히 지켜봐주세요. 아이의 풀이 과정이 잘못 되더라도 중간에 지적하면 안 됩니다. 모든 풀이가 끝난 후 무엇이 잘못되었는지 물어보세요. 아이가 발견하지 못하면 어떤 부분에서 실수가 있었는지 알려주고 어떻게 해결하면 좋을지 물어봐야 합니다. 부모님은 답을 알려주는 게 아니라 질문하고 아이의 답을 기다리는 입장이 되어야 합니다.

우리 아이들에게 말해주세요. 문제집에서 틀린 문제는 앞으로 틀릴 수많은 문제 중 하나일 뿐이라고요. 연습에서는 얼마든지 틀려도 된다고요. 그렇다면 실전에서는 틀리지 않을 거라고요. 딱 1,000문제만 틀리고 실전에서는 완벽하게 풀어내자고 말이죠. 연습에서는 틀려도 됩니다. 하지만 실전에서만큼은 우리 아이들이 실수하지 않고 문제를 해결할 수 있도록 도와주세요.

"딱 1,000문제만 틀려보자." 학부모님의 이 한마디가 아이에게 수학에 대한 욕심을 갖게 할 수 있습니다. 틀리는 과정은 곧 실력이 성장하는 과정이라는 것을 알게 해주세요.

선생님 마음:

방법을 바꾸면 길이 보입니다

무조건 즐겁게 공부해야 합니다

아이와 즐겁게 수학 공부를 할 수 있으면 얼마나 좋을까요? 수학의 중요성을 부모님은 알고 있습니다. 하지만 아이는 수학이 왜 중요한지 모릅니다. 공부하라고 하니까 하는 과목이 수학입니다. 하지만 공부를 하는데도 성적이 잘 오르지 않는 과목도 수학입니다. 이처럼 수학은 아이와 즐겁게 공부하기가 힘든 과목 중에 하나입니다. 유튜브에만 접속해도 시선을 빼앗는 영상들이 넘쳐나는데, 수학 자료로 아이들의 흥미를 이끌어내기는 어렵습니다. 영어 같은 경우에는 영화도 있고 좋은 영상이 많습니다. 수학도 꾸준히 상황이 나아지고 있지만, 여전히 영상을 통해 아이들이 수학 흥미를 끌어올릴 정도로 콘텐츠가 풍성하지 않습니다.

아이와 부모님 간의 수학 만족도에는 큰 차이가 있습니다. 아이는 오늘 정해진 분량을 끝내면 만족합니다. 하지만 부모님은 아이가 푼 문제가 다 맞길 기대합니다. 실수가 없어야 하고 실수를 했다면 확실히 오답을 체크해서 이해해야 한다고 생각합니다. 그래서 잔소리가 시작됩니다. 아이들은 이미 수학에 지쳐 있는데 부모님의 잔소리에 다시 한번 한숨을 푹 내쉽니다. 부모님은 우리 아이를 위해서 하는 잔소리지만 아이들은 듣기 싫은 잔소리로만 느낍니다. 이처럼 내 자식의 공부를 옆에서 봐주는 것은 정말 힘든 일입니다. 자식을 가르치는 게 제일 힘들다는 말이 괜히 있는 게 아니지요. 그래서 많은 학부모님께서 사교육에 의존하는 건 아닌지 모르겠습니다.

보통의 경우 유치원부터 초등학교 3학년 때까지는 학부모님께서 최대한 아이와 수학 공부를 함께합니다. 초3 수학까지는 개념 이해 수준이 높지 않기 때문에 부모님께서 충분히 아이의 눈높이에 맞게 설명할 수 있습니다. 또 교과서와 문제집에 나와 있는 문제 정도는 부모님께서 충분히 해결할 수 있습니다. 하지만 초등학교 4학년부터는 다릅니다. 문제의 난이도도 문제지만 가장 큰 문제는 아이들이 부모님의 관심을 간섭이라고 생각하고 혼자 공부하길 원합니다. 그래서 같은 공간에서 공부하는 걸 좋아하지 않습니다. 이렇게 되면 아이들은 방에서 혼자 수학 공부를 하고 부모님께 공부한 내용을 확인받습니다. 결국 아이들은 공부를 하는 게 아니고 부모님께 확인받고 빨리 이 순간을 벗어나기 위해 시간을 버팁니다. 과연 이 시간 동안 우리 아이는 즐겁게 수학을 공부하고 있을까요?

또 4학년 수학부터는 아이의 눈높이에서 설명하는 게 어렵습니다. 부모님은 오늘 배울 내용 중 무엇이 중요한지 알고 있습니다. 하지만 우리 아이가 이해할 수 있도록 수학 문제를 설명하는 게 힘들어지기 시작합니다. 내 아이가 나의 수학 설명을 이해하지 못하고 있는 상황을 이해하지 못합니다. 그래서 부모님은 아이에게 화가 나기 시작하고 아이는 짜증이 나기 시작합니다. 이런 악순환이 초등학교 4학년 때부터 찾아옵니다.

어떻게 하면 내 아이와 즐겁게 수학 공부를 할 수 있을까요? 초등 4학년은 부모의 도움을 간섭으로 느끼기 시작하는 시기인 만큼 최대한 아이의 생각을 존중해야 합니다. 아이가 혼자서 할 수 있다고 하면 믿어줘야 합니다. 추후 잘못된 부분은 문제점이 무엇인지 알려주고 바꿔줘야겠지만 일단은 아이에게 "네가 한 번 해보렴." 하고 말해주세요. 처음부터 잘하면 좋겠지만 모든 것이 서툰 아이들이기 때문에 조금씩 잘못된 부분이 보이기 시작합니다. 이때 잘못된 부분을 하나씩 지적하기 시작하면 아이들은 주눅 들 수밖에 없습니다. 아이들이 잘한 부분부터 말할 필요가 있습니다. “혼자서 이렇게나 많이 풀었어?”, “이 문제 어려워 보이는데 풀었네?”, “어떻게 풀었는지 설명해줄 수 있겠니?”, “혹시 아빠, 엄마한테 보여줄 문제가 있니?”와 같이 아이들이 존중받고 주목받고 있다는 걸 느낄 수 있도록 대화해야 합니다. 그리고 부족한 부분은 한 가지씩 천천히 알려주세요. 즐겁게 수학 공부를 하기 시작하면 아이 스스로 무엇이 문제인지 알 수 있습니다. 그리고 바꾸기 위해서 노력합니다. 이 모든 게 한순간에 이뤄지지 않습니다. 천천히 하나씩 바뀐다고 생각해야 합니다. 아이들을 기다려주세요. 늦을 때마다 한 번씩 손을 잡아줄 필요는 있지만 끌고 갈 필요는 없습니다.

대학교 때 수학 영재 학생을 과외한 적이 있습니다. 초등학교 4학년이었는데 고등학교 수준의 수학을 공부하고 있었습니다. 처음 영재 학생의 부모님께 과외 의뢰 전화가 왔을 때 부모님은 아이가 수학에 흥미가 너무 떨어졌다고 했습니다. 혼자 방에서 나오지도 않고, 수학 공부가 너무 재미없어서 울기까지 한다고 하소연했습니다. 학생을 처음 만났을 때가 아직도 생생합니다. 제가 제일 좋아하는 수학 문제를 소개하자 환하게 웃으며 저에게 자기가 꼭 보여주고 싶은 문제가 있다고 했습니다. 이 문제를 부모님께 보여줘도 관심 없어하고 주변 누구도 이 문제를 관심 있게 보지 않는다고 했습니다. 그 문제는 수능 문제 중 한 문제였습니다. 자기가 이 문제를 단 여섯 줄로 풀었다고 자랑했습니다. 풀이를 보니 저도 생각지 못한 멋진 풀이였습니다. 저는 학생에게 진심으로 감동해서, 도대체 어떻게 이렇게 멋지게 풀 수 있었는지 알려달라고 했습니다. 그러자 아이는 정말로 즐겁게 자신의 풀이 과정을 설명하기 시작했습니다. 이후에 저는 이 아이와 서로 다른 수학 문제집을 푼 후 각자 소개하고 싶은 문제를 선별해서 서로에게 설명하고 다른 풀이는 없는지 이야기 나누었습니다.

아마 '수학 영재니까 내 아이와 다를 거야.'라고 생각하실 수 있습니다. 물론 수학 영재 학생이기 때문에 수학을 대하는 태도와 사고가 다를 수 있습니다. 하지만 여기서 가장 중요한 건 즐겁게 수학을 공부했다는 것입니다. 분명 우리 아이들도 즐겁게 수학을 공부할 수 있습니다. 보통의 아이들은 자신이 잘 아는 내용을 설명하는 걸 좋아합니다. 잘 모르는 내용에는 큰 관심이 없습니다. 그러므로 우리 아이가 수학 내용을 잘 알게 만든 후 부모님께 설명할 수 있게 하면 됩니다. 수학 내용을 잘 알게 만드는 방법은 아이가 공부한 내용을 부모님께서 궁금해하면 됩니다.

예를 들어 아이가 공부한 내용을 보여줄 때 부모님께서 "이 문제를 어떻게 이렇게 잘 풀 수 있었어?", "혹시 엄마에게 추천해줄 좋은 문제는 없니?" 하고 물어보세요. 처음에는 시큰둥 할 수 있지만 자신이 푼 내용을 가지고 질문하면 차츰 관심을 갖기 시작합니다. 그리고 부모님도 아이와 함께 같은 수준의 난이도 문제집을 푸는 것이 좋습니다. 아이가 A 문제집을 풀면 부모님은 B 문제집을 풉니다. 안 그래도 바쁜 생활 중에 아이와 문제집까지 풀어야 한다고 생각하면 자칫 부담스러운 마음이 드실 수 있습니다. 그러나 생각해보세요. 아이의 비싼 학원비를 내기 위해 얼마나 많은 시간을 희생하고 계십니까? 그 많은 시간과 비용을 투자해서 얻는 것이 고작 아이에게 스트레스를 주고 공부에 대한 거부감만 쌓는 결과를 낳게 된다면 얼마나 슬픈 일일까요? 하루 딱 15분만 투자한다고 생각하시면 아이에게 좋은 공부의 모범을 보일 수 있는 것은 물론, 아이와 같은 관심사로 대화할 수 있는 정말 좋은 기회를 얻게 됩니다. 아이와 진도를 맞춘 후 서로의 문제집에 있는 좋은 문제를 소개하고 궁금한 내용을 묻고 답합니다. 부모님 또한 공부를 하기 때문에 아이가 어떤 부분을 어려워할지 알 수 있게 됩니다. 이때 가장 중요한 것은 부모님께서도 아이와 함께 끝까지 포기해서는 안 된다는 것입니다. 같이 시작했기 때문에 같이 끝나야 합니다.

우리 아이가 단 한 번에 수학 개념을 이해하지 못해도 괜찮습니다. 이해하지 못한 내용은 부모님과 함께 채울 수 있습니다. 부모님과 함께 공부하며 긴 호흡으로 이해를 한다면, 수학에 대한 호기심과 사고력도 그만큼 풍성하게 키워지지 않을까요?

수학 영재는 달리 말해 수학을 재미있게 공부하는 아이입니다. 아이가 아는 수학 지식을 먼저 궁금해 해주세요. 수학 영재를 만드는 가장 빠른 지름길은 학부모님의 관심입니다.

좋은 문제를 다양한 방법으로 풀 수 있어야 합니다

수학을 잘하기 위해서는 개념과 원리, 법칙을 이해해야 합니다. 하지만 이해한다고 해서 수학을 잘할 수 있느냐고 묻는다면 전 아니라고 답할 것입니다. 이해는 반드시 필요하지만 이해만으로는 수학을 잘할 수 없습니다. 과연 무엇이 더 필요할까요? 저는 이해한 개념을 다양한 문제 상황에 적용할 수 있는 문제해결력, 수학적 사실을 추측하고 논리적으로 분석하고 정당화하며 그 과정을 반성하는 능력인 추론 능력이 필요하다고 생각합니다. 문제해결력, 추론 능력 모두 2015 수학과 교육과정 수학 교과 역량 여섯 가지에 포함되어 있습니다.

머리로는 이해하지만 이해한 내용을 표현하지 못하고 문제에 적용하지 못하는 학생이 많습니다. 이런 학생들은 대부분 예제와 유제 수준의 문제는 어느 정도 해결하지만 난이도가 있는 문제는 해결하지 못합니다. 즉 몇 단계의 사고 과정을 거쳐야 하는 문제는 손도 대지 못하고 포기합니다. 예를 들어 학생이 4학년 1학기 2단원 내용 중 '각도'에서 사각형 네 각의 크기의 합은 360도라는 걸 이해했다고 가정해보겠습니다. 교과서에 나와 있는 문제는 자신 있게 해결했지만 수학 익힘책에 나온 문제를 해결하지는 못합니다.

이유는 세 가지로 생각해볼 수 있습니다.

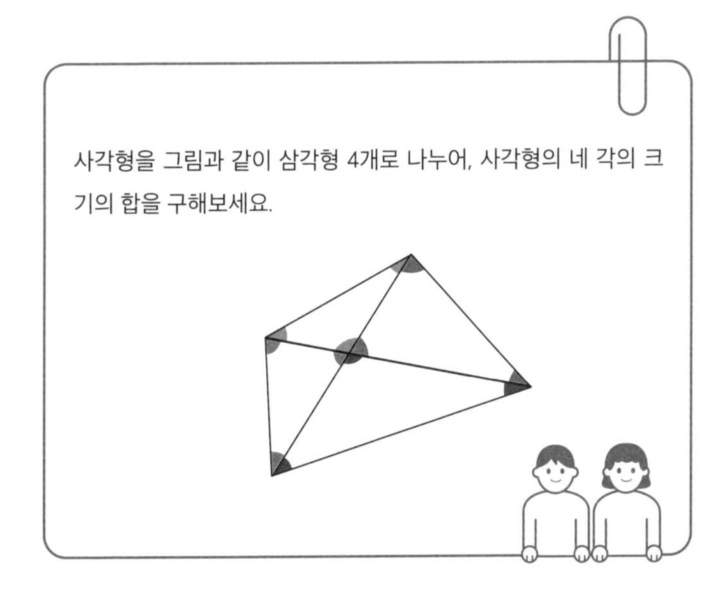

첫째, 수학 교과서에서 개념을 이해할 때 봤던 그림과 다르기 때문입니다. 우리 아이들은 제시된 범위 안에서만 이해하려고 합니다. 즉 주어진 그림이 아닌 다른 그림이 나오면 처음 보는 그림 또는 개념이라고 생각합니다. 교과서에는 분명 사각형이 주어지고 각이 네 개만 있었는데 익힘책에 나온 그림은 각이 여러 개가 있습니다. 또 익힘책에서는 사각형이 삼각형 네 개로 나누어져 있어서 내가 학습한 사각형의 각 개념과 맞지 않습니다. 즉 하나의 개념을 학습할 때 다양한 관점에서 학습하지 못합니다. 이 학생은 스스로 수학 개념을 이해했다고 생각할지 모르지만 엄밀하게 말하면 개념을 이해한 게 아니고 교과서에 나와 있는 개념을 한 번 읽고 아무 생각없이 문제를 해결한 것입니다. 교과서는 사각형 네 각의 크기의 합이 360도라는 걸 설명하기 위해서 다양한 아이디어를 제시합니다. 학생들은 이 아이디어를 고민하지 않습니다. 쓰윽 한 번 읽고 결론에 도달해버리지요. 왜냐하면 도착점이 바로 앞에 있는데 굳이 천천히 걸어갈 필요가 없는 겁니다. 하지만 뛰어가는 과정에서 놓치는 것들이 생기고 이것이 쌓이고 쌓여서 우리 아이들의 수학 개념을 이해에서 암기로 바꿔버립니다. 문제에 나온 그림과 개념이 낯선 게 아니라 수학을 학습할 때 그림과 개념을 고민하지 않고 봤기 때문에 문제를 해결하지 못하는 겁니다. 만약 주어진 문제의 그림과 개념이 낯설다면 내가 학습한 개념을 떠올리고 문제에 맞게 개념을 변형해야 합니다. 또 내가 알고 있는 개념과 연결시켜야 합니다. 하지만 우리 아이들은 이 연결 과정을 쉽게 포기합니다. 고민할 시간이 없고 빨리 끝내고 싶기 때문입니다. 수학은 순식간에 잘할 수 없습니다. 천천히 걸으며 주변을 살펴야 합니다.

둘째, 최선의 전략을 탐색하고 최적의 해결 방안을 선택하지 못하기 때문입니다. 우리 아이들에게 좋은 문제를 제공해야 하는 이유가 있습니다. 단순 연산만 가득한 문제는 우리 아이들의 수학적 사고를 향상시키지 못합니다. 하지만 생각할 수 있는 문제, 다양한 풀이가 가능한 문제는 수학의 매력을 느끼게 할 뿐만 아니라 수학적 사고를 기르는 데 도움을 줍니다. 문장제 문제가 초등학교 학생들에게 어려운 이유는 식을 세우기 위해 독해력이 필요하고 문제에서 알게 된 조건 등을 토대로 식을 세워야 하기 때문입니다. 계산하는 것도 어려운데 문제를 읽고 내용을 파악해야 하는 게 아이들에게 큰 부담으로 작용합니다. 수학 개념을 익혔는데 적용하지 못하고 문제를 풀기 위한 시도가 무의미해질 때 아이들은 좌절합니다. 수학 교과서에서는 해결 전략을 탐색하는 걸 직접적으로 가르쳐주지 않습니다. 간접적으로 문제에 녹아 있고, 생각 수학, 탐구 수학 차시에 문제해결력을 기를 수 있는 요소가 들어 있습니다. 해결 전략을 탐색하기 위해서는 문제의 조건을 분석할 수 있어야 합니다. '내가 무엇을 구해야 할까?', '주어진 조건과 정보는 무엇이지?', '내가 알고 있는 수학 개념은 뭘까?', '이전에 학습한 개념과 어떻게 연결시킬 수 있을까?' 등을 충분히 고민해야 합니다. 그리고 해결 전략을 탐색해서 결정했으면 반드시 적용해봐야 합니다. 그리고 문제를 푼 후에는 내가 푼 과정을 점검해야 합니다. 반대로 문제를 틀렸으면 내가 세운 해결 전략에 어떤 문제가 있는지 알아내야 합니다. 이 과정이 반복돼야 합니다. 반복하는 과정에서 나만의 해결 전략이 생기고 최적의 해결 방안을 선택할 수 있는 자신감이 생깁니다. 해결 전략을 탐색하고 최적의 해결 방안을 선택하는 과정에 익숙한 학생은 어려운 문제를 좋아합니다. 왜냐하면 도전할 의욕이 생기고 문제를 해결했을 때의 성취감을 잊지 못하기 때문이지요.

셋째, 수학 개념·원리·법칙을 분석하는 능력이 부족하기 때문입니다. 우리 아이들은 문제에 나와 있는 조건을 나누어서 생각하는 걸 어려워합니다. 예를 들어 주어진 수가 홀수 일 때, 짝수일 때로 조건을 나누어야 한다고 할 때 우리 아이들은 이 두 조건으로 나누는 것을 못합니다. 조건을 나누어서 생각해본 연습도 부족할 뿐만 아니라 조건을 나누어서 생각하는 게 우리 아이들에게는 매우 번거롭고 하기 싫은 과정이기 때문입니다. 초등학교 3학년 2학기 때 처음 나눗셈의 나머지를 학습합니다. 나눗셈 학습이 끝난 후 학생에게 아래와 같은 문제를 제시했을 때 우리 아이들은 문제를 해결할 수 있을까요?

나누는 수가 3일 때 나올 수 있는 나머지는 무엇이고, 3은 나머지가 될 수 있을까요?

이 문제를 초등학교 3학년 학생이 일반화해서 증명을 할 수는 없습니다. 하지만 학생들이 알고 있는 수학 개념을 활용해서 문제에 적용할 수 있어야 합니다. 나누어지는 수 몇 개를 생각해서 직접 나누어보면 규칙을 발견할 수 있습니다. 1부터 9까지 수를 생각해서 나머지를 표에 기록한 후 규칙을 찾을 수도 있습니다. 좀 더 나아가 다양한 수를 탐구한 후 일반화한 내용을 말할 수 있습니다. 이전에 배운 나머지 개념을 활용해서 3은 나머지가 될 수 없다는 걸 말 또는 그림으로도 설명할 수 있습니다. 단순 연산 문제만 푸는 학생은 위와 같은 문제를 좋아하지 않습니다. 생각해야 하기 때문입니다. 단순 연산에 익숙한 아이들은 문제를 보자마자 손이 먼저 움직여야 하는데 위와 같은 문제는 손이 움직이지 않고 머리도 멈춰버립니다. 그렇기 때문에 수학 개념, 원리, 법칙을 분석하는 능력을 키워야 합니다. 조건을 나누어서 생각하고 문제를 분석해야 합니다. 규칙이 무엇인지 탐구하는 과정에서 우리 아이들의 수학적 사고력은 향상됩니다. 좋은 문제를 통해서 우리 아이들이 수학적 개념, 원리, 법칙을 분석하는 능력을 키워주는 것이 무엇보다 중요합니다. 또한 표, 그림 등을 활용해서 문제를 푸는 연습도 반드시 해야 합니다. 수를 쓰는 것만으로는 수학을 잘할 수 없습니다. 표와 그림을 활용해서 문제를 시각적으로 표현해가며 개념과 문제를 분석해야 합니다.

기껏 개념을 익혔어도 이를 문제에 적용하지 못할 때 우리 아이들은 좌절합니다. 좋은 문제를 통해서 아이들이 문제를 분석하는 힘을 키울 수 있도록 해주세요.

예습보다 복습이 먼저입니다

예습보다 복습이 먼저입니다. 복습을 한 후 예습을 해야 합니다. 수업을 들은 후 바로 복습한 경우와 시간이 꽤 흘러서 복습한 경우 기억하는 내용의 차이는 매우 큽니다. 학교 수업이 끝난 후 쉬는 시간 10분은 학생에게 귀한 시간입니다. 수업이 끝난 후 아이들은 바로 책을 덮고 친구들과 놀기 시작합니다. 노는 것도 매우 중요합니다. 그러므로 이 10분을 활용해서 방금 배운 내용을 복습하라고 강조하고 싶지 않습니다. 하지만 그날 배운 내용은 그날 복습해야 합니다. 하교 후 집에 가서는 다음 배울 내용을 예습하는 것이 아닌 오늘 배운 내용을 복습해야 합니다. 단지 배운 내용을 읽고, 비슷한 문제 몇 문항 푸는 걸로는 충분하지 않습니다. 오늘 배운 내용에서 내가 이해하지 못한 것은 없는지, 궁금했지만 질문하지 않았던 것은 없는지, 있다면 답을 찾아야 합니다. 책, 문제집, 인터넷 등을 활용해서 답을 찾는 습관을 들여야 합니다.

물론 예습 또한 매우 중요하다고 생각합니다. 하지만 복습을 한 후 하는 예습이 효과가 있습니다. 단지 수업 내용을 앞서가는 예습은 불필요합니다. 내가 알고 있는 게 맞는지, 내가 잘 모르는 내용을 해결하지 않고 하는 예습은 밑 빠진 독에 물 붓기와 같습니다. 계속해서 물이 빠지는데 아무리 바가지로 물을 쏟아 부어본들 아무런 소용이 없습니다. 그러므로 부족한 부분을 메꾸는 것이 무엇보다 중요합니다. 이전에 배운 내용은 다음에 배울 내용과 연결됩니다. 그러므로 이전에 배운 내용을 이해한 후 다음에 배울 내용을 접해야 합니다.

그렇다면 수학 교과는 어떻게 복습해야 할까요?

수학의 기본은 교과서입니다. 하지만 현실적으로 수학 교과서를 매일같이 가방에 들고 다니도록 하기는 어렵지요. 학원 교재, 개인 물품, 노트 무게만으로도 아이들은 힘들어하니까요. 이 문제를 해결하기 위해 두 가지 방법을 알려드리려고 합니다. 첫째는 새 학기마다 교과서를 하나씩 더 사는 것입니다. 똑같은 교과서를 사는 게 돈 낭비가 아니냐고 생각하시겠지만 매우 현명한 방법이 될 수 있습니다. 많은 교육 전문가들이 복습할 때 제시하는 방법이 백지노트입니다. 그날 배운 내용을 하얀 종이에 적어내려가는 것입니다. 하지만 초등학생들에게는 다소 어려운 방법일 수 있습니다. 하얀 종이에 내가 알고 있는 내용을 써보라고 하면 아이들은 한두 줄 쓰고 포기합니다. 하지만 교과서가 하나 더 있다면 이야기는 달라집니다. 오늘 배운 내용과 관련 있는 그림, 글, 도형, 표 등이 있기 때문에 무엇을 배웠는지 쉽게 떠올릴 수 있습니다. 그리고 학교에서 이미 본 내용이기 때문에 친숙합니다. 그러므로 아이들은 배운 내용을 새로운 교과서에 적으면서 복습할 수 있습니다. 무거운 가방을 들 필요가 없고 하얀 백지를 가득 채워야 하는 부담감도 덜 수 있습니다. 앞서 말씀드렸듯이 2022년 3~4학년 검정 교과서와 2023년에 나올 5~6학년 검정 교과서는 여러 출판사에서 발행될 예정입니다. 교과서의 가격 또한 크게 부담되지 않는 선에서 결정될 것으로 예상합니다. 따라서 두세 개 출판사의 교과서를 구입해서 아이들의 복습 용도로 활용하는 것을 강력하게 추천합니다. 교과서를 활용해서 복습한 후 문제집에 있는 문제를 풀어본다면 확실한 실력 향상 효과를 얻을 수 있을 것입니다.

복습할 때는 글보다 그림, 도형, 표 등에 집중할 필요가 있습니다. 우리 아이들에게 복습하라고 교과서를 주면 대부분 쓰윽 한 번 읽고 교과서 문제를 푼 후 끝냅니다. 10분이 채 안 되어 복습이 끝납니다. 정말 제대로 복습을 한 것일까요? 저는 대부분의 아이들이 복습을 제대로 하고 있지 않다고 생각합니다. 사실 복습은 매우 따분합니다. 다 아는 내용을 또 보고 있다는 생각 때문에 그렇습니다. 교과서의 글을 읽으면서 '아, 이거 아는 거네.' 하고 대충 보고 넘기기 일쑤입니다. 하지만 그림, 도형, 표는 다릅니다. 교과서에 분명 제시되어 있지만 대부분 글에만 집중하기 때문에 제대로 보고 넘어가지 않습니다. 교과서에 제시된 그림, 도형, 표는 정말 중요합니다. 우리 아이들이 수학 개념을 이해하기 위해 제시된 것입니다. 그러므로 왜 이 그림이 주어졌는지, 왜 이렇게 수학 개념을 설명하는지, 제시된 그림과 도형, 표를 어떻게 이용하면 될지를 꼭 생각하고 문제를 풀 때 적용할 수 있게 도와줘야 합니다.

아이들이 복습할 때만큼은 제대로 교과서를 들여다볼 수 있도록 도와주세요. 아이들에게 꼼꼼하게 복습하는 방법을 알려주세요. 우리 아이들은 충분히 해낼 수 있습니다.

복습한 내용은 꾸준히 노트에 기록해야 합니다. 교과서에 적는 것도 중요하지만 노트에 내가 학습한 내용을 적는 것도 중요합니다. 수학 개념 노트를 하나 만들어서 내가 복습한 내용을 정리할 필요가 있습니다. 수학 교과서, 문제집, 선생님 설명 등을 하나의 노트에 정리하는 것입니다. 노트를 쓸 때 가장 중요한 것은 끈기입니다. 처음 새 노트를 채워나갈 때는 그럭저럭 해낼 수 있지만 점점 귀찮아질 수밖에 없습니다. 노트 한 권을 끝낼 때까지 포기하지 않도록 합니다.

이전에 배운 내용은 다음에 배울 내용의 초석이 됩니다. 내가 알고 있는 게 맞는지, 잘 모르는 내용은 없는지 먼저 확인한 후에 다음 내용으로 넘어가야 합니다.

첫 단원부터 공부하지 마세요

제가 학교에 다닐 때만 해도 수학 공부는 반드시 1단원부터 시작하는 것이었습니다. 하지만 요즘 초등학교에서는 교육 과정을 재구성하여 반드시 교과서의 1단원부터 공부하지 않는 경우도 있습니다. 그래야 할 필요가 없기 때문입니다. 물론 분수를 공부하지 않았는데 분수의 덧셈과 뺄셈을 학습할 수는 없습니다. 수학에는 계열성이 있기 때문에 계열성을 생각해서 먼저 공부할 단원을 선정해야 합니다.

첫 단원부터 공부하지 말라는 이유는 크게 세 가지입니다.

첫째, 수학을 어렵게 느끼는 학생일수록 1단원만 여러 번 반복하는 무의미한 학습을 합니다. 앞에서도 이야기했듯이 몇몇 아이들의 교과서와 문제집을 보면 앞장에만 손때가 묻어 있습니다. 뒤로 갈수록 문제를 푼 흔적을 찾기 어렵습니다. 집에 수없이 쌓인 문제집을 한번 살펴보세요. 과연 끝까지 푼 문제집이 몇 권이나 되는지 말이지요. 이런 문제점을 해결하기 위해서는 첫 단원부터 시작하면 안 됩니다. 수학은 한 단원만 있는 게 아니라 여러 단원이 합쳐져 있기 때문에 모든 단원의 내용을 알아야 합니다. 그러므로 수학의 계열성을 유지하는 선에서 첫 단원이 아닌 다른 단원을 먼저 공부하는 것도 수학 학습에 좋은 방법입니다.

둘째, 우리 아이들은 첫 단원만 잘합니다. 앞에서 이야기했듯이 3월 초 수학 첫 단원을 시작했을 때 우리 아이들의 눈빛이 가장 초롱초롱합니다. 수업 참여도 또한 매우 높습니다. 방학 기간 동안 첫 단원 내용은 모든 학생이 한 번씩은 공부해왔기 때문이지요. 하지만 진도가 나갈수록 서서히 포기하는 아이들이 늘어갑니다. 일반화할 순 없지만 일반적으로 교과서의 첫 단원은 다른 단원에 비해서 난이도가 높지 않습니다. 아이들 역시 학습에 큰 어려움을 느끼지 않습니다.

만약 방학 기간 동안 첫 단원부터 시작하지 않고 아이들이 조금 어려워 하는 단원을 선택하거나, 수와 연산 영역이 아닌 도형 영역, 측정 영역 등의 새로운 영역의 단원을 선택하면 아이들이 수학을 즐겁게 학습할 수 있습니다. 항상 첫 단원부터 공부해야 한다는 강박관념이 우리 아이들이 수학을 즐기지 못하는 이유가 될 수 있습니다.

셋째, 어려운 내용을 학습하려고 하지 않습니다. 앞서 잠깐 언급했듯이 수학의 첫 단원은 다른 단원에 비해서 상대적으로 내용이 쉬울 수 있습니다. 첫 단원과 마지막 단원이 다른 단원에 비해서 난이도가 낮기 때문에 우리 아이들은 첫 단원을 좋아합니다. 조금만 노력해도 어느 정도 문제를 해결할 수 있기 때문입니다. 그러나 2단원, 3단원으로 가면서 내용이 어려워집니다. 이미 쉬운 내용에 익숙해진 우리 아이들이 갈팡질팡하기 시작합니다. 첫 단원을 학습했던 마음가짐으로는 2단원, 3단원의 내용을 이해하는 데 무리가 있습니다.

대부분의 아이들은 첫 단원을 가볍게 학습하는 과정에서 수학을 이해하기보다는 계산 방법을 암기해서 문제를 해결합니다. 이후 학습에서 이 학습 습관과 마음가짐은 쉽게 변하지 않습니다. 결국 첫 단추를 잘못 꿰었기 때문에 다른 단추들도 제대로 꿰기 어렵습니다. 이와 같은 과정이 계속 반복되면 아이들은 지치고 포기합니다. 그러므로 우리 아이들이 가장 어려워하는 또는 공부하기 싫어하는 단원부터 학습할 필요가 있습니다. 어려운 내용을 공부하고 난 후 이어지는 내용이 쉽기 때문에 아이들은 중간에 포기하지 않습니다. 물론 가장 어려워하는 단원을 선택해서 더욱 빨리 포기할 수 있습니다. 그러므로 아이들이 복습하는 교재의 난이도가 중요합니다. 난이도가 높지 않은 쉬운 문제집 또는 참고서를 선택해야 합니다. 어려운 단원을 선택했지만 문제집의 난이도가 낮기 때문에 아이들이 문제를 해결하는 데 큰 어려움을 겪지 않습니다. 포기하지 않고 끝까지 해낼 수 있도록 부모님께서 도와주세요. 이 과정을 이겨내야 합니다. 고통과 끈기 없이는 좋은 결과를 얻을 수 없습니다.

> 어려운 단원을 먼저 공부한 후 이에 대한 이해를 바탕으로 쉬운 단원을 공부하는 것도 아이의 성취감과 공부 흥미를 자극하는 좋은 방법이 될 수 있습니다.

수학에서는 거꾸로 읽는
독해력도 필요합니다

독해력은 모든 과목에서 중요합니다. 수학도 예외가 아닙니다. 일반적으로 독해력은 국어와 영어에서 강조되는 능력이지만 수학에도 독해력이 필요합니다. 개념과 원리를 이해하고 있지만 문제를 파악하지 못하면 문제를 해결할 수 없습니다. 수학도 독해력이 필요한 이유이지요. 하지만 수학에서의 독해력은 국어와 영어의 독해력과는 조금 차이가 있습니다. 수학 교과서에 있는 글을 읽을 때 우리 아이들은 일반적으로 왼쪽에서 오른쪽으로 읽습니다. 책을 읽을 때도 왼쪽에서 오른쪽으로 읽습니다. 매우 당연합니다. 하지만 수학은 왼쪽에서 오른쪽 그리고 오른쪽에서 왼쪽으로도 내용을 읽을 수 있어야 합니다.

중학교, 고등학교에 가면 방정식이 나오고 각종 수학 법칙들이 나옵니다. 왼쪽에서 오른쪽, 오른쪽에서 왼쪽으로 읽고 이해하는 습관이 초등학교 때 형성되지 않으면 중학교에 올라갔을 때 개념을 제대로 이해하지 못합니다. a, b라는 자연수를 예로 들어보겠습니다. 곱셈은 교환법칙 ab=ba가 가능합니다. 학부모님 눈에 보기에는 당연한 내용입니다. 아이들 또한 어렵지 않게 이 내용을 파악합니다. 그런데 신기한 게 있습니다.

왼쪽에서 오른쪽 방향으로 글을 읽기 때문에 ab를 ba로 바꿔서 생각하는 것에는 익숙하지만 반대인 상황에서는 머뭇거립니다. ba=ab로 읽지 않기 때문에 교환법칙을 사용하여 ba를 ab로 바꿔서 생각하지 않습니다.

5학년 1학기 6단원 '다각형의 둘레와 넓이'에서 배우는 둘레 공식을 살펴보겠습니다. '마름모의 둘레=(한 변의 길이)×4'입니다. 아이들에게 마름모의 둘레를 어떻게 구하냐고 물으면 (한 변의 길이)×4라고 답합니다. 문제를 풀 때 공식을 활용해서 잘 해결합니다. 그런데 이 방법에는 약점이 있습니다. 오로지 한 방향으로만 사고가 진행됩니다. '마름모의 둘레'라는 단서가 있을 때만 이 공식을 생각할 수 있습니다. 하지만 이걸 반대로 생각하면 어떨까요? '(한 변의 길이)×4=마름모의 둘레'라고 바꿔서 생각해보겠습니다. 이제 아이들이 친숙하게 봤던 곱셈식을 하나 써보겠습니다. 5×4=20입니다. 이걸 해석하는 방법은 정말 다양합니다. 대부분의 아이들은 곱셈구구만 생각할 것입니다. 하지만 수학을 제대로 독해하는 학생이라면 '한 변의 길이가 5인 마름모의 둘레가 20'이라고 생각할 수 있습니다. 또, 가로의 길이가 5cm, 세로의 길이가 4cm인 직사각형의 넓이가 20cm^2라고 생각할 수 있습니다. 한 단계 더 나아가면 이와 같은 방법으로 독해한 후 자신의 생각을 그림, 도형, 표로 표현합니다. 5×4=20을 보고 마름모를 그리거나 직사각형을 그리는 연습은 문제해결력과 추론 능력을 길러주며 시각적 표현에 익숙해지게 합니다. 종종 아이들이 글을 읽는 친숙한 방법이 새로움을 느낄 기회를 가로막습니다. 수학은 새롭게 느껴야 합니다. 그래야 아이들이 즐겁게 수학 공부를 하고 수학적 사고력을 기를 수 있습니다.

국어와 영어 지문을 읽을 때는 글을 집중적으로 독해합니다. 하지만 수학은 글과 수, 그림, 도형, 표를 함께 비교하면서 독해해야 합니다. 수학은 글보다 수로 설명하는 경우가 많습니다. 그러므로 글을 독해함과 동시에 주어진 수가 무엇을 뜻하는지 알아야 합니다. 글만 읽는 독해력은 수학에서 의미가 없습니다. 글, 수, 그림, 도형, 표 등을 모두 읽어낼 수 있는 독해력이 필요합니다. 독해력을 기르는 가장 최고의 방법은 다양한 종류의 책을 읽는 것입니다. 수학 관련 책, 소설, 에세이, 시 등 다양한 글을 읽는 과정에서 아이들의 독해력은 향상됩니다. 이 독해력을 활용해 수학을 공부하도록 하는 연습이 필요합니다.

제가 학생 때 도저히 풀리지 않는 문제를 만난 적이 있습니다. 결국 해설지를 들춰보고는 한 줄 한 줄 읽어 내려가면서 '이렇게 어려운 걸 내가 어떻게 생각해? 나는 풀 수 없는 문제였어.'라고 생각했지요. 이때까지는 수학을 공부할 때 주어진 글 그대로를 받아들였습니다. 그림, 도형, 표, 그래프 등과 함께 보지 않았지요. 오로지 왼쪽에서 오른쪽으로 읽은 글만을 이해하려고 했습니다. 주어진 글을 오른쪽에서 왼쪽으로 생각하는 연습을 하지 않았기 때문에 개념과 원리 법칙을 문제의 조건에 맞게 변형하지 못했습니다. 충분한 연습을 하는 것도 중요하지만 어떻게 연습해야 하는지 방법을 알아야 합니다.

글을 읽을 때에는 작가의 의도를 파악하며 읽어야 합니다. 함부로 내용을 변형해서 생각하면 제대로 글을 읽었다고 볼 수 없습니다. 하지만 수학은 다릅니다. 수학은 새로운 개념을 끌어들여서 생각해야 합니다. 개념의 본질은 그대로 둔 채 나에게 맞게 바꿔야 합니다. 예를 들어 분수의 덧셈과 뺄셈을 배울 때 아이들은 분모가 같은 분수의 덧셈과 뺄셈을 먼저 배운 후 분모가 다른 분수의 덧셈과 뺄셈을 학습합니다. 분모가 다른 분수의 덧셈과 뺄셈을 학습할 때 가장 중요한 건 분모를 같게 만들어야 한다는 겁니다. 하지만 아이들은 이 과정이 낯섭니다. 왜 분모를 같게 만들어야 하는지 이해하지 못합니다. 이때 중요한 것이 내가 이해할 수 있고, 적용할 수 있는 상황으로 바꾸는 것입니다. 내가 현재 이해할 수 있는 개념은 분모가 같은 덧셈과 뺄셈이므로 분모가 다른 두 분수의 분모를 같게 만들면 됩니다. 즉 분모가 같으면 내가 알고 있는 개념을 활용해서 문제를 해결할 수 있습니다. 따라서 분모를 같게 만들면 됩니다. 내가 이해하고 있는 수학 개념을 바탕으로 문제를 해결해야 합니다. 결국 분모가 같아야 한다는 개념의 필요성 때문에 우리 아이들은 자연스럽게 통분을 이해하게 됩니다.

ab=ba라는 개념을 거꾸로 ba=ab로 읽을 수 있는 과정까지가 수학의 독해력이라는 사실을 잊지 마세요.

그림, 도형, 표는 반드시 활용해야 합니다

여기에서는 그림, 도형, 표 등을 '시각적 표현'이라고 설명하겠습니다. 시각적 표현은 수학에서 매우 중요합니다. 수학 개념을 글과 수로만 설명하면 아이들이 이해하기 어렵습니다. 시각적 표현이 주어지고 시각적 표현에 어떤 수학 개념, 원리, 법칙이 들어 있는지 글과 수로 설명해야 아이들이 이해할 수 있습니다. 하지만 시각적 표현의 중요성에도 불구하고 우리 아이들의 수학 교과서와 문제집을 보면 모두 수를 이용해서 문제를 해결하는 경향이 있습니다. 수학이기 때문에 당연히 수로 문제를 해결해야 합니다. 하지만 '수만 가지고' 문제를 풀 경우 식이 복잡해지고, 계산 실수를 할 확률이 높아

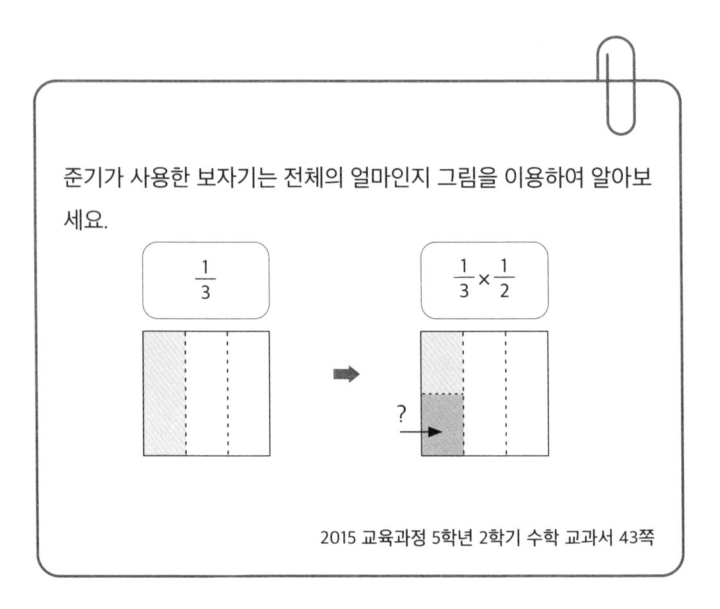

집니다. 수학적 사고력을 기르기 위해서도 '수'만을 이용한 학습은 옳지 않습니다. 시각적 표현을 활용하면 풀이를 단순화할 수 있고 문제를 정확히 파악해서 계산할 수 있습니다. 또한 어려운 문제일수록 '수'를 이용한 풀이보다 시각적 표현을 이용한 풀이가 필요합니다. 조건을 세부적으로 나누고 주어진 조건을 분석해서 문제를 해결할 수 있기 때문입니다.

첫째로 그림을 활용하는 방법을 알아보겠습니다.

위 그림은 2015 교육과정 5학년 2학기 수학 교과서 2단원 '분수의 곱셈'의 활동 중 하나입니다. 교과서에서도 그림을 이용하여 문제를 해결하도록 유도하고 있습니다. 그림을 활용하는 이유는 직관적으로 개념, 원리, 법칙을 이해할 수 있기 때문입니다. 또한 아이들이 주어진 값 $\frac{1}{3}$을 그림과 함께 파악함으로써 분수의 곱셈을 이해하는 데 도움을 줍니다. 단순히 분수의 곱셈을 계산할 때 분자는 분자와 곱하고 분모는 분모끼리 곱해야 한다는 내용을 학습하기보다는 왜 $\frac{1}{3} \times \frac{1}{2}$이 $\frac{1}{6}$이 되는지를 보여줍니다. 그림을 활용해서 분수의 곱셈을 이해한 학생들은 분수의 곱셈 문제를 해결할 때 머릿속에 그림이 그려집니다. 그리고 그림을 활용해서 문제를 해결하기 때문에 실수할 가능성이 낮습니다. 또한 그림을 활용해서 자신의 사고 과정을 설명하기 때문에 2015 개정 교육과정의 핵심역량 중 하나인 의사 소통능력이 향상됩니다.

둘째, 도형을 활용할 때에는 도형과 글을 연결해야 합니다.

수학 교과서의 '도형' 단원에서 가장 중요한 개념은 '도형'입니다. 하지만 우리 아이들은 도형보다는 도형을 설명한 글에 집중합니다. 글을 읽고 그림을 한 번 쓰윽 본 후 넘어갑니다. 사다리꼴의 개념을 설명한 내용과 사다리꼴 도형을 반드시 연결해서 이해해야 합니다. 사다리꼴에서 윗변이 무엇인지 높이는 어떻게 정의되어 있는지 아랫변은 무엇인지를 비교해야 합니다. 글자에 색이 있는 내용만 중요한 게 아니라 사다리꼴에서 평행한 두 변을 **밑변**이라 하고, 한 밑변을 윗변, 다른 밑변을 아랫변이라고 합니다. 이때 두 밑변 사이의 거리를 높이라고 합니다.

5학년 2학기 수학 교과서 132쪽

밑변, 윗변, 아랫변, 높이를 설명하는 글과 그림이 가장 중요합니다. 제대로 이해하지 않으면 아랫변을 아래에 있어서 아랫변이라고 생각합니다. 또한 높이를 설명할 때 꼭 필요한 직각 표시를 보지 못하고 넘어가는 경우가 있습니다. 그러므로 반드시 도형을 공부할 때는 도형을 꼼꼼히 살펴봐야 합니다.

셋째, 표는 수학의 구세주입니다. 표는 정말 막강한 문제풀이 도구입니다. 나의 사고를 정교화하고 문제 상황을 정확히 파악할 수 있게 도와줍니다.

문제 1번은 교과서 도입 부분에 있는 질문입니다. 그리고

문제 1번

준기네 학교에서 알뜰 시장을 열기로 했습니다. 6학년 친구들은 준비하는 사람 6명, 판매하는 사람 3명으로 한 모둠을 구성하려고 합니다. 준비하는 사람 수와 판매하는 사람 수를 비교해봅시다. 모둠 수에 따른 준비하는 사람 수와 판매하는 사람 수를 비교해봅시다.

문제 2번

모둠 수에 따른 준비하는 사람 수와 판매하는 사람 수를 비교해봅시다.

- 모둠 수에 따른 준비하는 사람 수와 판매하는 사람 수에 맞게 표를 완성해보세요.

모둠 수	1	2	3	4	5	……
준비하는 사람 수(명)	6	12	18	24	30	……
판매하는 사람 수(명)	3	6				……

- 모둠 수에 따른 준비하는 사람 수와 판매하는 사람 수를 뺄셈으로 비교해보세요.
- 모둠 수에 따른 준비하는 사람 수와 판매하는 사람 수를 나눗셈으로 비교해보세요.
- 뺄셈으로 비교한 경우와 나눗셈으로 비교한 경우는 어떤 차이가 있는지 이야기해보세요.

2015 교육과정 6학년 2학기 수학 익힘책 13쪽

이어지는 문제 2번에서 표를 활용하여 문제를 풀도록 유도하고 있습니다. 즉 표를 직접적으로 지도하지는 않지만 주어진 문제의 조건을 파악하고 해결할 때 표의 중요성을 보여줍니다. 아이들은 자연스럽게 표를 접하고 표를 활용해서 어떻게 문제를 해결하면 될지 알 수 있습니다. 표를 활용한 학습은 아이들의 사고를 정교하게 다듬어줍니다. 또한 내가 파악해야 할 내용을 한눈에 보여줍니다. 또한 각 변수 간의 규칙이 있다면 규칙을 보여줍니다.

문장제 문제를 해결할 때 가장 좋은 방법은 문제 상황을 그림으로 표현하는 것입니다.

문제 3처럼 그림을 이용하면 어려운 문장제 문제도 해결할 수 있습니다. 한 가지 풀이에서 벗어나 두 가지 이상의 풀이를 생각할 수 있을 뿐만 아니라 수학에 자신감을 가질 수 있습니다.

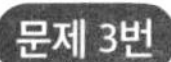

수박 $\frac{3}{4}$ 통의 무게가 3kg입니다. 수박 1통의 무게를 구해보세요.

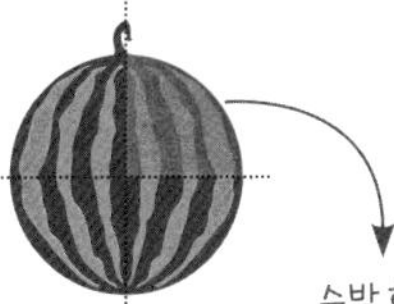

식 ______________

답 ______________ kg

수박 한 통의 무게를 구하기 위해서는 $\frac{1}{4}$ 통의 무게를 구해야 한다. <단위분수>

$\frac{3}{4}$ 통의 무게 3kg

÷3

$\frac{1}{4}$ 통의 무게는 1kg

수박 1통은 $\frac{1}{4}$ 통이 4개이므로 수박 1통의 무게는 4kg

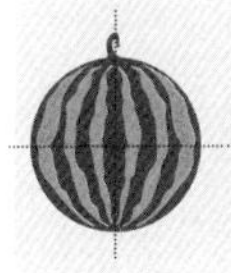

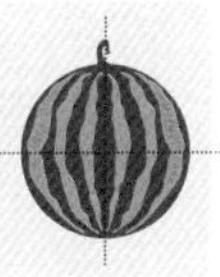

12kg → 12÷3=4kg

● 수박 $\frac{3}{4}$ 통을 4번 반복해서 그리면 된다.

2015 교육과정 수학 교과서 6-1 74쪽

수만 가지고 문제를 풀 경우 식이 복잡해지고 계산 실수를 할 확률이 높아집니다. 어려운 문제일수록 시각적 표현을 이용한 풀이가 필요합니다.

이제까지 풀었던 건 수학 문제가 아니라 계산 문제입니다

우리 아이들이 푸는 대부분의 문제는 계산 문제입니다. 물론 수학 문제라고 볼 수 있는 문제를 푸는 아이들도 많이 있습니다. 교과서에는 계산 문제와 다양한 유형의 문제가 섞여 있습니다. 하지만 교과서는 아이들의 학습 부담을 줄여주기 위해 문제 수를 적게 제시합니다. 그래서 아이들은 문제집을 따로 구입해서 공부합니다. 하지만 많은 아이들이 수학 문제보다는 계산 문제가 많은 문제집을 풀고 있습니다.

초등학교 대다수의 문제집이 연산 능력을 기를 수 있게 구성되어 있습니다. 연산 능력은 매우 중요합니다. 하지만 연산 능력을 키우기 위해 비슷한 유형의 문제를 끊임없이 푸는 것은 큰 의미가 없습니다. 연산 능력을 위한 문제집은 한 권이면 충분합니다. 1단계, 2단계, 3단계 수준으로 나누어진 문제집 세 권을 푸는 것은 학생들의 수학 공부에 도움이 되지 않습니다. 계산용 문제집 한 권과 학생들의 수학적 사고를 기를 수 있게 구성된 수학 문제집 한 권을 풀어야 합니다.

학생들이 학원에서 푸는 문제집을 보면 계산 문제, 문장제 문제, 추론 문제 등이 다양하게 섞인 문제집을 풉니다. 대부분의 아이들은 같은 유형의 문제로 판단되면 똑같은 풀이 방법으로만 문제를 해결합니다. 연산 능력을 키우기 위해 학습했던 습관이 그대로 남아 있기 때문입니다. 반복해서 똑같은 문제를 같은 방법으로 익숙해질 때까지 풀었던 습관에 익숙해져 있습니다. 같은 유형의 문제를 같은 풀이로 푸는 것이 반드시 나쁜 것은 아닙니다. 하지만 반복적으로 강조하듯이 수학에는 한 문제에 다양한 풀이가 있습니다. 다른 방법으로는 풀 수 없을까를 고민한 학생과 그렇지 않은 학생은 시간이 흐를수록 수학적 사고력에 차이가 생깁니다. 가장 큰 문제는 같은 유형의 문제를 같은 풀이로 푸는 학생은 문제를 제대로 읽지 않는다는 것입니다. 문제를 대충 보고 풀이를 시작합니다. 이럴 경우 실수할 가능성이 높아질 뿐만 아니라 문제를 분석하지 않기 때문에 난이도 높은 문제를 해결할 때 어려움을 겪습니다. 단순한 계산 문제를 해결할 때도 '이전과 다른 방법은 없을까?', '풀이를 단순화해서 해결할 순 없을까?'를 고민해야 합니다. 이 고민이 계산 문제를 수학 문제로 바꿔줍니다.

우리 아이들이 수학 문제를 잘 풀기 위해서는 아이들이 접근하기 쉬운 형태로 변형하는 능력이 필수적입니다. 이와 같은 능력을 길러주는 것이 바로 계산 문제가 아닌 수학 문제입니다. 우리 아이들은 자연수 1에 친숙합니다. 예를 들어 페인트 2통, 3통, 4통보다는 1통으로 문제가 주어졌을 때 정답률이 높아집니다. 또한 분수 문제보다 자연수 형태의 문제일 경우 정답률이 높습니다. 문제 정답률을 높이기 위해서는 복잡한 내용을 단순화해야 합니다. 복잡한 수를 1로 통일하고, 분수 문제를 자연수 문제로 바꾸면 됩니다.

예를 들어 다음 문제의 페인트 3통을 1통으로 바꿔야 합니다. 아이들은 알고 있습니다. 3통을 1통으로 바꾸기 위해서는 3으로 나누면 된다는 걸요. 1통으로 바꿨기 때문에 5와 $\frac{3}{5}$을 3으로 똑같이 나누면 됩니다. 반대로 벽면에 칠한 양이 현재 분모가 5인 분수입니다. 분모를 없애는 가장 좋은 방법은 분모와 같은 수를 곱하는 것입니다. 분모가 5이므로 페인트 3통에 5를 곱해서 15통으로 만들면 총 칠한 벽면의 넓이

페인트 3통으로 벽면 $5\frac{3}{5}$ m²를 칠했습니다. 페인트 한 통으로 칠한 벽면의 넓이는 몇 m²인지 구해 보세요.

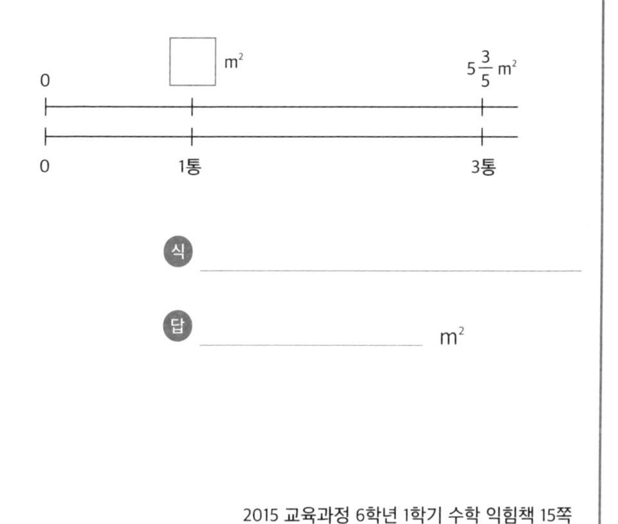

2015 교육과정 6학년 1학기 수학 익힘책 15쪽

는 $5\times 5\frac{3}{5}\text{m}^2 = 28\text{m}^2$가 됩니다. 페인트 한 통으로 칠한 벽면의 넓이는 이제 벽면의 넓이를 15로 나누면 됩니다. 단순화하는 과정은 매우 중요합니다. 제시된 문항에는 수직선 두 개가 주어져 있습니다(이중수직선이라고 불립니다). 이 수직선을 이용한 생각도 매우 중요합니다. 이 수직선 그림을 활용해서도 단순화를 할 수 있습니다. 어려운 문제를 해결하는 하나의 방법은 우리가 알고 있는 식으로 변형해야 합니다. 또한 복잡한 식 또는 수를 최대한 단순화해야 합니다. 단순 계산 문제로 끝날 수 있는 문제이지만 생각하고 적용함으로써 수학 문제로 바꾸어 해결할 수 있습니다.

계산 문제를 수학 문제로 바꾸기 위해서는 고민해야 합니다. 고민하고 다양한 풀이를 적용해야 합니다. 같은 풀이를 계속 활용하는 것은 좋은 공부 방법이 아닙니다. 다양한 방법을 활용함으로써 각 방법의 장점과 단점을 파악해야 합니다. 또 고민하는 과정에서 내가 알고 있는 개념을 점검하고 정교화해야 합니다. 어려운 문제를 해결할 때 무엇보다 중요한 것은 주어진 문제 상황을 내가 해결할 수 있는 익숙한 상황으로 변형하는 것입니다. 이때 가장 중요한 것은 문제의 조건에 영향을 주지 않아야 한다는 것입니다.

단순 계산 문제를 새로운 풀이 방법으로 해결하려는 노력을 할 때, 아이의 수학 실력을 키워주는 수학 문제가 됩니다.

한 문제를 한 시간 이상 생각해야 합니다

이제까지 열거한 이유들로 인해, 우리 아이들은 한 문제를 오랫동안 생각하지 않습니다. 언제나 풀어야 할 문제가 산더미처럼 많기 때문입니다. 모르는 문제가 나오면 별표를 쳐서 넘어가거나 해설지를 읽고 넘어갑니다. 모르는 문제를 만났을 때 고민 한 번 하지 않고 넘어가서는 안 됩니다. 모르는 문제가 진짜 내가 해결해야 할 문제입니다. 아는 문제는 언제든 해결할 수 있습니다. 하지만 모르는 문제를 해결하지 않고 넘어가면 앞으로 절대 모르는 문제를 해결할 수 없습니다.

책상에 한 시간도 앉아 있기 힘든 우리 아이에게 한 문제를 한 시간 이상 생각하게 한다는 것은 너무나 힘든 일입니다.

연속해서 한 시간을 생각하라는 말은 아닙니다. 불연속적으로라도 최소 한 시간은 모르는 문제를 생각해야 한다는 말입니다. 예를 들어 문제집에서 모르는 문제가 나왔다고 가정해 보겠습니다. 아무리 고민해봐도 풀리지 않습니다. 그럴 때는 가만히 그 문제를 바라봅니다. 내가 무엇을 놓치고 있는지 문제에 주어진 조건은 무엇인지를 계속해서 파악해야 합니다. 지금은 시험을 보는 게 아니기 때문에 주어진 시간은 충분합니다. 오랜 시간을 투자했음에도 불구하고 떠오르지 않을 때는 메모지, 포스트잇 등에 적은 후 들고 다니면서 틈날 때마다 보면 됩니다. 길을 걷다가 잠시 멈춰 서서 모르는 문제가 적힌 메모를 보면서 생각할 수 있고, 잠자기 전 안 풀린 문제를 머릿속에서 정리해볼 수 있습니다. 이 과정이 모두 공부입니다. 요즘 아이들은 휴대전화만 본다고 하소연하는 부모님이 많습니다. 이 문제를 조금이나마 해결하기 위해서 아이 휴대전화에 수학 문제를 저장하는 것도 좋은 방법입니다. 휴대전화 배경화면을 풀지 못한 수학 문제 사진으로 바꾸고 틈틈이 보게 하는 것입니다. 이렇게 문제 하나에 집착하는 습관은 과제 집착력을 길러줄 뿐만 아니라 수학 학습을 끈기 있게 이어나갈 수 있게 도와줍니다.

오랜 시간 투자해서 고민한 문제가 풀리는 순간 아이들은 수학의 매력에 푹 빠지게 됩니다. 엄청난 쾌감과 내가 해냈다는 자신감이 생깁니다. 어떤 방법으로도 얻을 수 없는 것들을 한 문제를 해결하는 과정에서 얻게 됩니다. 우리 아이들이 고민하게 해주세요. 잠깐 고민하고 넘어가면 안 됩니다. 아이들이 투자할 수 있는 가장 오랜 시간을 투자해야 합니다. 항상 수학 문제와 가깝게 지낼 수 있도록 도와줘야 합니다. 모르는 문제는 우리 아이들에게 좋은 놀잇감이 됩니다. 이 놀잇감을 충분히 갖고 놀 수 있게 격려해주세요. 넌 할 수 있다고, 지금 충분히 잘하고 있다고 말이죠.

그런데 만약 한 시간 이상을 투자했는데 문제 풀이의 단서조차 얻지 못했다면 어떻게 해야 할까요? 제가 추천하는 방법은 해설지를 보는 것입니다. 그냥 보는 것이 아니라 전체 해설의 한 줄씩을 봐야 합니다.

예를 들어 5번 문제가 안 풀린다고 가정해보겠습니다. 그럼 5번 문제의 해설지를 펍니다. 이때 5번 문제의 해설이 총 다섯 줄이라고 할 경우 모두 가린 후 첫 줄만 읽습니다. 그리고 다시 문제를 풉니다. 그래도 안 풀리면 두 번째 줄을 읽고 문제를 풉니다. 이렇게 단서 하나하나를 얻은 후 풀어야 합니다. 해설 전체를 읽고 풀면 내 수학 실력으로 푼 게 아닙니다. 전체 문제 풀이의 한 조각, 한 조각을 얻어가면서 풀어야 내 수학 실력이 향상될 수 있습니다.

결론적으로 우리 아이들에게 수학 문제에 집착할 수 있는 시간을 줘야 합니다. 문제에 집착해야 합니다. 단순히 문제를 적고 들고 다니는 건 의미가 없습니다. 반드시 봐야 합니다. 보고 아이디어가 떠오르면 반드시 적용해야 합니다. 우리 아이들이 수학 문제를 해결했을 때 쾌감을 느낄 수 있도록 도와주세요.

오랜 시간 투자해서 고민한 문제가 풀리는 순간이야말로 수학적 역량과 성취감이 자라는 순간입니다. 한 문제를 고민할 수 있는 환경을 만들어주세요. 아이의 수학 실력도 자라게 됩니다.

실천편:

수학, 반드시 잘할 수 있습니다

봐도 봐도 모르겠는 문제, 꼼꼼하게 분석하는 법

아직 어린 아이들이 안 그래도 바쁜 시기에 문제분석까지 해야 한다니, 한숨부터 나오는 분들도 계실 겁니다. 일단 어떤 문제든 풀고, 틀린 문제가 나오면 다시 풀면 되는 게 아니냐고 생각하실 수도 있습니다. 하지만 그렇지 않습니다. 수능 수학을 준비하는 학생들이 반드시 거치는 작업이 뭔지 아시나요? 바로 기출문제를 분석하는 것입니다. 우리나라 수능 수학 1타 강사의 커리큘럼을 보면 기출문제 분석은 빠지지 않고 들어가 있습니다. 좋은 문제를 분석하는 것은 아이의 수학 교육에 있어 매우 중요합니다.

초등학교 때부터 문제를 꼼꼼히 분석하는 연습을 해야 합니다. 양치기를 하는 것도 수학 문제를 해결하는 데 도움을 줄 수 있지만 양치기야말로 우리 아이들을 수포자로 만드는 양날의 검입니다. 문제를 분석하는 방법을 익히면 수학적 사고력을 기를 수 있습니다. 문제에 녹아 있는 수학 개념을 파악하고, 기존에 알고 있는 개념을 스스로 변형해서 문제를 해결할 수도 있게 됩니다. 또 조건을 하나하나 나누어서 분석하기 때문에 꼼꼼한 수학 공부를 할 수 있습니다.

그렇다면 어떻게 문제를 분석하면 될까요? 먼저 좋은 문제가 있어야 합니다. 수능 수학 1타 강사들은 아무 문제나 분석하지 않습니다. 중요한 문제, 질 좋은 문제를 선별해서 분석합니다. 그렇기 때문에 우리 아이들에게 질 좋은 문제를 제공해야 합니다. 질 좋은 문제는 다음의 두 가지 특징을 지닙니다.

첫째, 아이들이 두세 번 읽게 만드는 문제가 좋은 문제입니다. 여기서 두세 번 읽게 만든다는 것은 조건을 찾기 위해 꼼꼼히 읽어야 하는 문제라는 뜻입니다. 즉 아이들이 알고 있는 개념을 활용하기 위해 고민하게 만들어야 합니다. 아이들을 힘들게 하는 문제가 아니라 도전할 마음을 끌어내는 문제가 질 좋은 문제입니다. 문제를 읽다가 번뜩 풀이 방법이 떠오르게 만드는 문제, 다양한 풀이 방법을 적용할 수 있는 문제, 아이들을 집중하게 만드는 문제가 이에 해당합니다.

둘째, 아이들 입에서 감탄이 나오는 문제가 좋은 문제입니다. 아직 어린 우리 학생들은 수학 문제를 풀다가 '이 문제 진짜 좋다.'라는 말을 하지 않습니다. 하지만 고등학교 이후에 수학을 공부하는 학생들은 종종 수능 기출문제를 풀면서 '수능 문제는 진짜 다르구나, 문제가 정말 좋다.'라고 생각합니다. 복잡한 계산으로 문제의 난이도를 높이는 것이 아니라, 문제의 조건을 해석하고 추론하도록 만들기 때문입니다. 그럼 우리 초등학생 아이들의 입에서 감탄이 나오는 좋은 문제는 무엇일까요? 아이들이 문제를 해결하고 나서 정답을 확인할 때 알 수 있습니다. 쉬운 문제를 푼 후 답을 비교할 때는 큰 감흥이 없습니다. 하지만 어떤 문제들은 문제의 난이도도 높지만, 정말로 답이 궁금해지는 문제가 있습니다. 그런 문제의 답을 설명해줄 때면 아이들의 눈이 반짝이는 것을 느낄 수 있습니다. 이런 문제가 우리 아이들에게 좋은 문제입니다. 또 틀린 후에 바로 답지를 보지 않고 다시 한 번 풀어보게 되는 문제가 있습니다. 끝까지 물고 늘어지게 만드는 문제입니다. 이런 문제들이 아이들의 입에서 감탄이 나오는 좋은 문제입니다.

그럼 과연 어떻게 문제를 분석해야 할까요? 4학년 이상의 학생들이 적용할 수 있는 문제 분석 방법을 알려드리겠습니다.

연수네 학교의 5학년 학생 수는 전체 학생 수의 $\frac{2}{9}$입니다. 5학년 학생 수의 $\frac{1}{2}$은 여학생이고, 그중 $\frac{3}{4}$은 분수의 곱셈을 좋아합니다. 분수의 곱셈을 좋아하는 5학년 여학생은 전체 학생의 얼마인가요?

풀이 1

① 5학년 학생수 = 전체 학생수 × $\frac{2}{9}$

② 5학년 여학생 = 전체 학생수 × $\frac{2}{9}$ × $\frac{1}{2}$

③ 5학년 여학생 중 분수의 곱셈♥ = 전체 학생수 × $\frac{2}{9} \times \frac{1}{2} \times \frac{3}{4}$

* 전체 학생의 ~얼마

답: $\frac{1}{12}$

풀이 2

전체 학생 수 찾기, 분모 9, 2, 4를 이용해 최소공배수 36 찾기

전체: 36명

5학년: 36× $\frac{2}{9}$ = 8명

5학년 여학생: 8× $\frac{1}{2}$ = 4명

그 중 분수의 곱셈♥: 4× $\frac{3}{4}$ = 3명 $\therefore \frac{3}{36} = \frac{1}{12}$

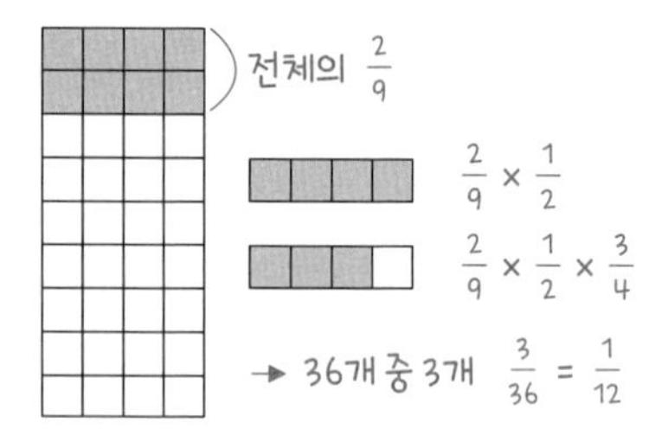

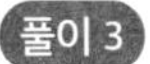

한 칸(단위분수)이 얼마인지 알아야 한다.

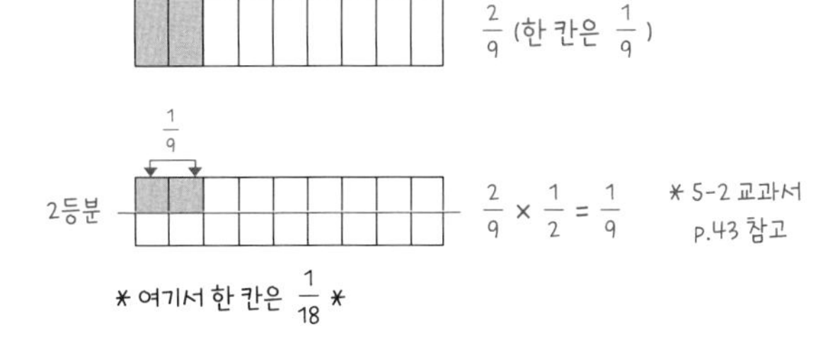

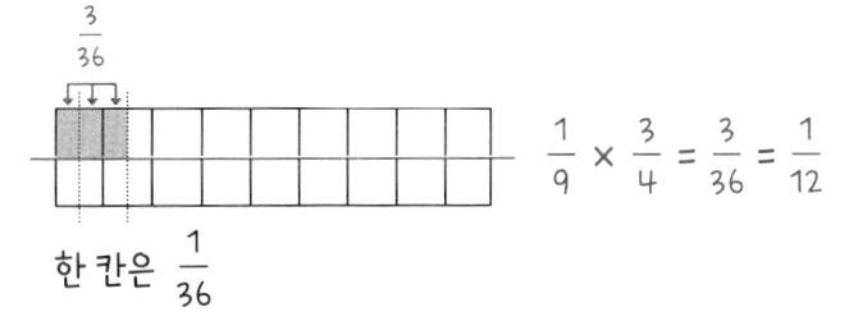

2015 개정 교육과정 5학년 2학기 수학 익힘책 35쪽

첫째, 문제를 읽고 필요한 개념이 무엇인지 파악해야 합니다. 문제를 읽다 보면 중요한 조건을 찾을 수 있고 이 문제가 내가 학습한 단원 중 어디에 속한 문제인지 파악할 수 있습니다. 문제의 어떤 부분을 통해 단원을 파악할 수 있는지 표시하고 어떻게 풀어야 할지 문제에 간단히 적습니다.

둘째, 문제에 주어진 그림, 도형, 표, 수 등을 분석합니다. 문제에 주어진 시각적 표현들은 문제를 분석할 때 매우 중요합니다. 주어진 시각적 표현이 어떤 개념을 내포하고 있는지 파악하고 이걸 어떻게 활용할지를 생각하는 게 문제 분석의 핵심입니다. 주어진 표현들을 어떻게 조작하고 개념을 적용할지 적어야 합니다.

셋째, 나의 풀이에 '왜'가 있어야 합니다. '왜' 이렇게 풀어야 하는지, '왜' 이 조건이 중요한지, '왜' 내가 이 생각을 못했는지 등을 적는 게 중요합니다. 문제를 분석한 후 가장 중요한 것은 수십 번 분석한 내용을 반복해서 보고 보충하는 것입니다. 그렇기 때문에 다시 들춰봤을 때 '내가 왜 이렇게 풀었지? 왜 이때 이런 내용을 적었지?' 등을 알지 못한다면 처음 보는 문제나 다름없게 됩니다. 그러므로 내가 분석한 내용을 다시 볼 때 기존의 분석 내용을 이해하기 위해서는 '왜'라는 의문이 해결될 수 있을 만큼의 설명을 적어두어야 합니다.

넷째, 다양한 풀이 방법을 적어야 합니다. 문제를 처음 분석할 때는 다양한 풀이가 나오기 힘듭니다. 하지만 두세 번 내용을 보다 보면 다른 풀이가 떠오를 때가 있습니다. 그럴 때는 기존에 분석한 내용에 새로운 내용을 보충해야 합니다.

다양한 풀이 방법은 학생의 수학적 사고력, 문제해결력, 추론 능력을 길러줍니다. 다양한 풀이 방법을 생각하면서 수학적으로 사고하게 되고 문제를 해결하기 위한 다양한 아이디어를 떠올립니다. 또한 주어진 조건을 어떻게 파악하느냐에 따라 풀이 방법이 바뀌는 걸 알 수 있습니다. 이 과정을 통해 수학의 매력을 느낄 수 있고 수학을 더 잘할 수 있게 되는 계기가 됩니다.

양치기 수학이야말로 우리 아이들을 수포자로 만드는 양날의 검입니다. 문제를 분석하는 방법을 익히면 문제에 녹아 있는 수학 개념을 파악하고, 기존에 알고 있는 개념을 스스로 변형해서 문제를 해결할 수 있게 됩니다.

실력 향상의 첫 단추,
좋은 문제를 선별하는 법

좋은 문제만 가득한 문제집을 찾긴 어렵습니다. 좋은 문제와 아쉬운 문제가 섞여 있게 마련입니다. 그러므로 좋은 문제를 선별해서 정리하는 노력이 필요합니다. 좋은 문제만 풀 수는 없지만 좋은 문제를 한 곳에 모아두게 되면, 볼 때마다 질이 높은 복습을 할 수 있습니다. 고등학생 정도 되면 문제를 보는 눈이 생긴다고 합니다. 워낙 많은 문제를 풀다 보니 아이들이 서서히 좋은 문제를 찾기 시작합니다. 아이들의 눈에 가장 먼저 띄는 좋은 문제는 수능 기출문제와 모의평가 문제입니다. 전문가들이 많이 투입된 시험인 만큼 문제의 질이 좋습니다. 사설 문제집과는 비교할 수 없을 정도로 완벽한, 좋은 문제의 조건을 두루 갖고 있습니다.

하지만 초등학교 수학 문제집에서 수능 기출문제와 같은 질 좋은 문제를 찾기는 거의 불가능합니다. 하지만 분명 초등학교 수학 문제집 중에도 좋은 문제는 있습니다. 과연 좋은 문제란 어떤 걸까요?

첫째, 개념을 적용할 수 있어야 합니다. 단순 연산만으로 답을 내는 문제는 좋은 문제가 아닙니다. 분명 단순 연산 연습도 필요하지만 수학적 사고력을 기르는 데는 큰 도움이 되지 않습니다. 알고 있는 개념을 적용할 수 있는 문제가 필요합니다. 공식에 대입하는 수준의 문제가 아니라 왜 이렇게 풀어야 하는지를 아이 스스로 이해하고 다양한 방법을 활용하여 개념을 적용할 수 있게 만들어야 합니다. 개념은 알고 있지만 적용하지 못하는 경우가 많습니다. 머리로는 이해하지만 문제를 해결할 때 사용하지 못하면 그건 제대로 이해한 게 아닙니다. 그러므로 아이들이 학습한 개념을 적용할 수 있는 수준의 문제가 좋은 문제입니다.

둘째, 다양한 풀이 방법이 가능해야 합니다. 다양한 풀이 방법을 적용하기 어려운 문제가 있습니다. 예를 들어 3+4=7과 같이 단순해 보이는 문제에도 다양한 풀이가 존재합니다. 하지만 어느 정도 학습 수준이 높은 학생에게 이 문

좋은 문제의 예시

승문이가 주어진 규칙적인 배열과 배열 순서를 보고 대응 관계를 알아보고 있습니다(중앙에 위치한 육각형은 세지 않습니다).

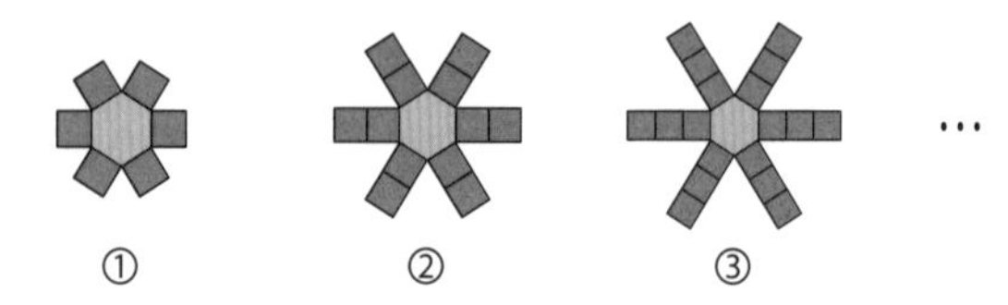

배열 순서 수와 주황색 사각형 수 사이의 대응 관계를 식으로 쓰세요. 또 왜 그렇게 생각했는지 쓰세요.

풀이 1

주황색 사각형을 하나씩 모두 세어서 계산함.

첫 번째 : 6개　　두 번째 : 12개　　세 번째 : 18개

대응 관계가 머리로는 이해가 되지만 실제로 쓰지 못할 수 있는 풀이 방법입니다.

풀이 2

표를 이용해 문제를 해결할 수 있음

배열 순서 수	1	2	6	12	30	……
나의 생각	1 × 6	2 × 6	6 × 6	12 × 6	30 × 6	
주황색 사각형의 수(개)	6	12	36	72	180	……

답 : 배열 순서 수를 △ 주황색 사각형 수를 □라고 할 때, □ = △ × 6입니다.

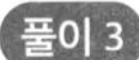

풀이 3

주어진 그림을 이용하여 묶는 풀이

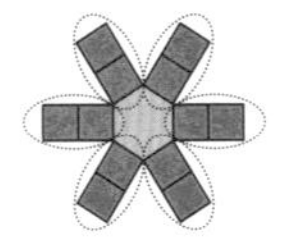
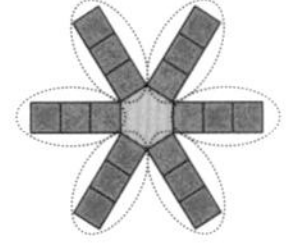

첫 번째 그림 : 1 X 6 두 번째 그림 : 2 X 6(2개씩 6묶음)

세 번째 그림 : 3 X 6(3개씩 6묶음)

답 : 배열 순서 수를 △ 주황색 사각형 수를 □라고 할 때, □ = △ × 6 입니다.

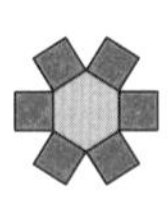
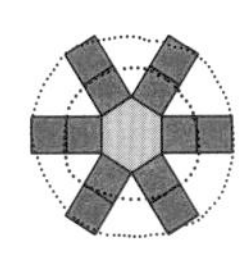
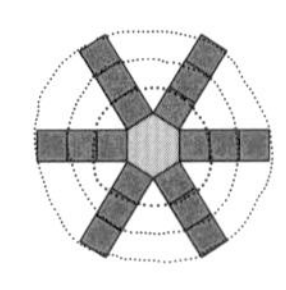

첫 번째 그림: 6 X 1 두 번째 그림: 6 X 2(원 하나에 6개의 사각형이 있다)

세 번째 그림: 6 X 3

답 : 배열 순서 수를 △ 주황색 사각형 수를 □라고 할 때, □ = 6 × △ 입니다.

묶는 방법은 다양하지만 우리가 구하는 답은 똑같습니다. 아이들이 다양한 방법으로 자신만의 그림을 그릴 수 있도록 해야 합니다.

제를 다양한 풀이로 풀어보라고 했을 때 수학적 호기심은 생기지 않습니다. 이미 한 자릿수 덧셈에 대한 이해가 되어 있고 문제에 적용할 수 있는 수준이기 때문입니다. 예를 들어 수를 이용해서 푼 문제가 있다고 가정해보겠습니다. 수를 이용해서 답을 냈지만 풀이 과정이 복잡합니다. 이때, 그림, 도형, 표 등을 활용해서 단순화시켜 풀 수 있다면 이 문제는 좋은 문제입니다.

수를 이용한 풀이를 변형해서 내가 이해하기 쉬운 수의 조합을 찾아 해결했다면 이 또한 좋은 문제라고 할 수 있습니다. 좋은 문제는 우리 아이들이 다양한 풀이를 고민하게 만듭니다. 또 고민하는 과정에서 수학적 사고력이 향상됩니다.

셋째, 아이를 고민하게 만들어야 합니다. 우리 아이들은 수학 문제를 해결할 때 고민할까요? 저는 거의 대부분의 학생이 고민하지 않는다고 생각합니다. 문제를 풀기 위해서는 문제를 읽고 내가 알고 있는 내용을 떠올린 후 적용해야 합니다. 하지만 우리 아이들은 이 과정이 능동적이지 않습니다. 같은 단어를 수십 번 반복해서 쓰고 말하면서 영어단어를 암기했던 것처럼 수학을 학습합니다. 그래서 비슷한 유형의 문제를 만났을 때 자동적으로 손이 움직이고 똑같은 풀이와 같은 사고 과정 안에서 문제를 해결합니다. 이 과정이 무의미하진 않지만 아이를 고민하게 만들지 않기 때문에 수학적 사고력이 향상되지 않습니다. 고민하게 만드는 문제는 아이가 문제를 읽고 나서 조건 하나하나를 확인하게 만듭니다. 이때 우리 아이들은 알고 있는 개념을 적용하고 적용이 되지 않을 때는 개념을 변형해서 적용하려고 합니다. 답을 내지 못하더라도 우리 아이가 포기하지 않고 끈기 있게 해결하려고 하는 문제를 찾아야 합니다. 답지를 보지 않고 '누가 이기나 한 번 해보자!'라는 마음을 먹게 만드는 문제를 찾아야 입니다. 우리 아이가 푸는 문제집의 문제는 우리 아이를 고민하게 만드는 문제인가요?

고민하게 만드는 문제는 읽고 나서 조건 하나하나를 확인하게 만듭니다. 답을 내지 못하더라도 '누가 이기나 한 번 해보자!'라는 마음을 먹게 만드는 문제를 찾아야 합니다.

수학 인생 최대의 고비,
분수를 알기 쉽게 설명하는 법

우리 아이의 수학 여정에 있어 아무리 강조해도 부족하지 않은 개념이 바로 분수입니다. 자연수에 익숙한 아이들에게 분수는 이해하기 힘든 개념입니다. 초등학교 교육 과정에서는 '부분-전체', '몫', '비'의 맥락에서 분수를 다루고 있습니다. 이 중 3학년 2학기 때 배우는 분수는 '부분-전체'에 속합니다. '부분-전체'의 의미는 전체를 똑같은 부분으로 나누어 전체 중에서 부분이 차지하는 양을 파악하는 것입니다. 3학년 2학기 때 분수의 의미인 부분-전체를 제대로 이해해야 이후에 나오는 분수의 사칙연산과 비와 비율 등을 제대로 이해할 수 있습니다. 이렇게 중요한 분수 개념을 막상 아이들에게 설명해주려면 쉽지 않으실 겁니다. 수포자가 대량으로 발생하는 3학년 2학기 시기, 학원보다도 친절하게 아이에게 분수의 개념을 설명할 수 있도록 정리했습니다.

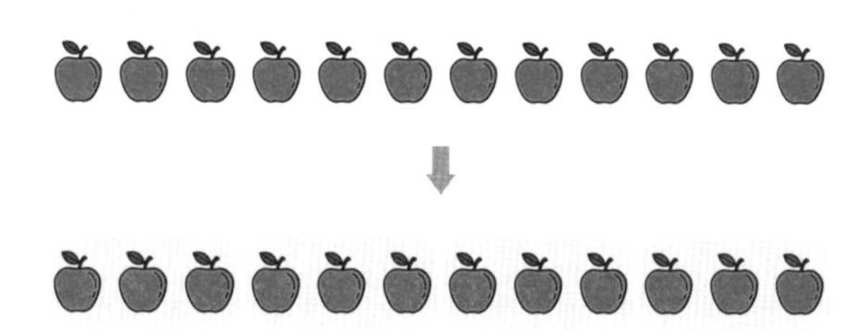

2015 개정 교육과정 3학년 2학기 수학 지도서 233쪽

주어진 사과는 모두 12개입니다. 이때 중요한 것은 전체 사과 12개를 단위인 1로 인식해야 한다는 것입니다. 사과 12개를 3개씩 묶으면 전체가 4부분으로 똑같이 나누어짐을 반드시 이해해야 합니다. 이를 통해 사과 6개는 전체 12개를 3개씩 똑같이 묶었을 때의 2묶음(부분)이므로 $\frac{2}{4}$에 해당합니다. 달리 말하면 사과 6개는 3개씩 4묶음 중 2묶음에 해당합니다. 처음 분수를 학습할 때는 사과와 같은 그림을 활용해야

합니다. 그리고 묶음의 수를 바꿔가면서 분수를 표현해봐야 합니다. 분수로 표현한 후 뜻을 물어보고 설명하게도 해야 합니다. 분수에서 가장 중요한 것은 분모입니다. 우리 아이들이 분모를 제대로 해석하는지도 꼭 확인해야 합니다.

질문 예시안

① 사과 15개를 3개씩 똑같이 나누어볼래?

- 한 묶음에 몇 개의 사과가 있니?
- $\frac{3}{5}$을 그림으로 나타내볼 수 있을까?
- 그림을 보면서 $\frac{3}{5}$을 설명해줄 수 있겠니?

② 한 묶음에 들어가는 사과의 수를 바꿔서 묶을 수 있을까?

③ 6의 $\frac{1}{2}$은 얼마라고 생각하니? 왜 그렇게 생각하는지 설명해줄 수 있을까?

초등학교 3학년 2학기에서 배우는 분수의 개념을 제대로 이해하기 위해서는 주어진 그림을 분수로 나타내고 분수를 그림으로 바꿔 표현할 수 있어야 합니다. 아래 그림을 통해 우리 아이들과 함께 분수 개념을 정교화할 수 있습니다.

답 1

답: 사과 15개를 3개씩 묶었어요.

답 1-1

답: 한 묶음에 3개의 사과가 있어요.

답 1-2

답: $\frac{3}{5}$은 전체 5묶음 중 3묶음으로 표현할 수 있습니다.

답 1-3

$\frac{3}{5}$은 전체 5묶음 중 3묶음을 뜻합니다. 저는 15개의 사과를 똑같이 3개로 나누어 5묶음을 만들었습니다. 5묶음이 전체가 됩니다. 그리고 부분이 되는 3묶음을 색칠했습니다.

분수를 표현할 때는 '전체'는 분모에, '부분'은 분자에 표현해야 합니다.

답 2

한 묶음에 들어가는 사과의 수를 5개로 바꿔서 묶었습니다. 사과 15개를 똑같이 5개씩 묶었더니 3묶음이 나왔습니다.

6의 $\frac{1}{2}$은 전체 6개를 2묶음으로 나타낸 것 중 하나를 뜻합니다.
그러므로 전체 6개를 똑같이 2묶음으로 나타내는 그림을 그려야 합니다.

한 묶음에 3개가 들어갑니다. 즉 전체 6개의 2묶음 중 한 묶음에는 3개의 사과가 있습니다.
그러므로 6의 $\frac{1}{2}$은 3입니다.

다른 풀이

6의 $\frac{1}{2}$은 전체 6개를 똑같이 2개로 나눈 것 중 하나를 뜻합니다.
전체 6개의 $\frac{1}{2}$ 만큼 색칠하면 아래와 같습니다.
그러므로 6의 $\frac{1}{2}$은 3입니다.

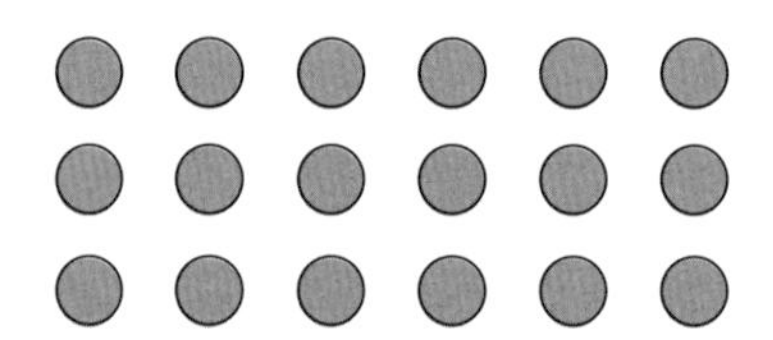

원 18개가 있습니다. 세로로 3개씩, 가로로 6개씩 배열되어 있습니다. 우리 아이들에게 이 그림을 이용해서 $\frac{1}{3}$을 표현해 보라고 하세요. 이 그림의 전체는 원 18개입니다. 부분-전체에서는 전체가 가장 중요합니다.

아이들은 교과서 등에서 학습한 경험을 바탕으로 문제를 해결할 수 있습니다. 대부분 아이들은 이 그림을 보고 아래 두 가지 방법 중 오로지 한 가지 방법만으로 $\frac{1}{3}$을 표현합니다. 일반적으로 이 그림을 이용해서 얻을 수 있는 해결 방법은 두 가지입니다.

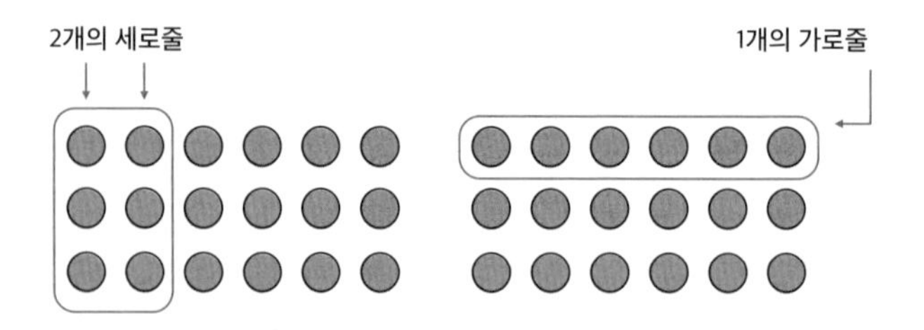

세로로 묶을 것인지, 가로로 묶을 것인지가 이 문제의 핵심입니다. 한 묶음에 들어가는 수는 같지만 묶는 방법이 다릅니다. 답이 똑같기 때문에 두 개 중 하나만 알아도 된다고 생각할 수 있습니다. 하지만 분수는 다릅니다. 한 가지 분수에 서로 다른 수십 가지의 개념과 표현이 들어가 있습니다. 그러므로 우리 아이들이 분수의 다양한 표현 방법을 처음부터 학습해야 합니다. 아이들이 주어진 그림을 다양한 방법으로 묶는지를 확인해주세요. 가로, 세로 등의 방법을 학습한 후 반복적으로 문제에 적용할 필요가 있습니다.

분수의 개념을 부분-전체로 파악하고 다양한 표현 방법을 학습한 학생은 다음과 같은 문제를 해결할 수 있습니다.

전체는 18개입니다. 그런데 분모의 값이 36입니다. 전체의 개수가 서로 일치하지 않습니다. 전체가 18개인데 분모가 36이기 때문에 원 18개를 바꿔야 합니다. 어떻게 바꿀 수 있을까요? 바로 원 1개를 모두 2등분 하면 됩니다. 여기서 다시 분수의 개념이 들어갑니다.

이제까지는 ●가 기준이었지만 이제는 원을 반으로 나눈 ◗가 기준이 됩니다.

그러므로 $\frac{1}{36}$은 전체 18개를 2등분씩 해서 만든 36개의 반원 중 하나가 됩니다.

분수를 처음 배울 때 무엇보다 중요한 건 주어진 그림을 다양한 수로 묶고 표현해야 한다는 것입니다. 예를 들어 원 18개를 2개씩 묶으면 9묶음, 3개씩 묶으면 6묶음, 6개씩 묶으면 3묶음, 9개씩 묶으면 2묶음과 같이 묶는 기준의 수를 바꿔 가면서 이해해야 합니다. 묶는 수가 아무리 달라져도 전체 수인 원 18개는 변하지 않습니다.

분수는 분모와 분자로 이루어져 있습니다. 이 중 분모를 이해하는 것이 정말 중요합니다. 예를 들어 자연수 2가 있을 경우 2를 분수로 표현하면 $\frac{2}{1}$입니다. 하지만 분모가 1일 때는 생략해서 나타내지 않습니다. 우리 아이들이 분수를 어려워하는 이유가 분자는 익숙했는데 어느 순간 분모라는 녀석이 나타났기 때문입니다. 분모를 이해해야 분수의 사칙연산 등을 암기가 아닌 이해를 바탕으로 해결할 수 있습니다.

분수의 사칙연산을 할 때 무엇보다 중요한 것이 분모를 통분해서 같은 수로 만드는 것입니다. 분모를 같게 만드는 이유가 뭘까요? 분모가 기준이기 때문입니다. 기준이 다르면 계산하기가 어렵습니다. 그러므로 기준을 똑같이 만들어야 합니다.

우리 아이들에게 $\frac{3}{4}$과 $\frac{5}{8}$를 그림으로 나타낸 후 어떤 분수가 크냐고 물으면 대부분 답을 하지 못합니다. 주어진 분수를 그림으로는 나타내지만 나타낸 그림으로는 분수의 크기를 비교하기 어렵습니다.

대부분의 아이들은 아래와 같이 분수를 그림으로 표현할 것입니다.

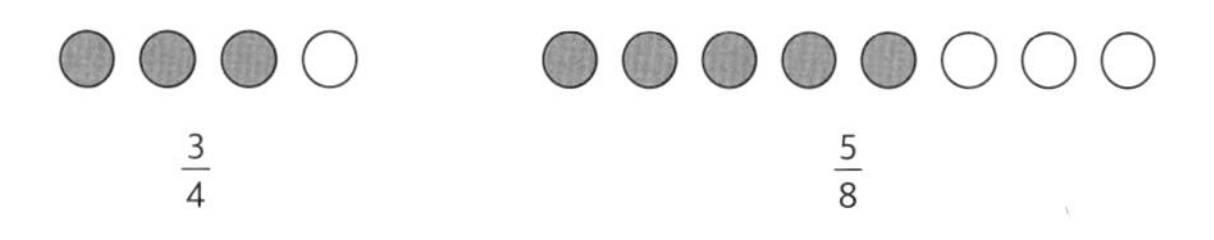

이렇게 표현한 후 색칠된 원의 수가 각각 3개와 5개이므로 5개인 $\frac{5}{8}$가 크다고 생각할 수 있습니다. 하지만 이 학생은 분

수의 개념이 제대로 잡히지 않았습니다. 전체 원의 수가 다릅니다. 왼쪽은 4개의 원, 오른쪽은 8개의 원입니다. 즉 전체 원의 수가 다르기 때문에 색칠된 원의 수로 비교할 수 없습니다. 전체 원의 수를 8개로 통일시켜야 합니다. $\frac{3}{4}$은 4묶음 중 3묶음을 뜻하기 때문에 한 묶음에 들어가는 수를 1개에서 2개로 바꾸면 됩니다.

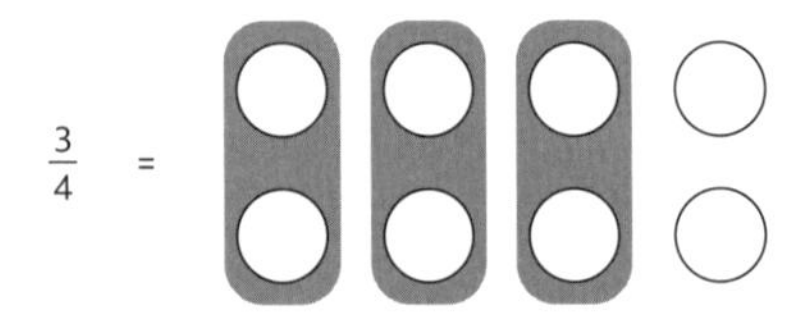

이제 원이 8개가 됐습니다. $\frac{3}{4}$은 8개 중 6개이므로 8개 중 5개보다 큽니다. 즉 $\frac{3}{4}$이 $\frac{5}{8}$보다 큽니다.

다른 문제에 도전해볼까요? 부분-전체, 다양한 단위, 시각적 표현을 이용해서 분수의 개념을 익혔다면 다음 문제를 해결할 수 있습니다.

이 문제를 3학년 2학기 학생이 풀기에는 어려울 수 있지만 제가 말씀드린 내용을 어느 정도 이해하고 도전한다면 답을 혜진이에게 구슬이 4개 남아 있습니다. 현재 남아 있는 구슬이 원래 가지고 있던 구슬의 $\frac{2}{3}$라면, 혜진이가 원래 가지고 있던 구슬은 몇 개 일까요?

구할 수 있습니다. 이 문제의 핵심은 바로 단위를 찾는 것입니다. 원래 가지고 있던 사탕을 찾으려면 단위를 찾아야 하기 때문입니다.

① 현재 $\frac{2}{3}$가 구슬 4개를 뜻합니다. 이제 구슬 4개를 그립니다(시각적 표현).

●●●●

② 이제 단위를 찾을 수 있습니다(다양한 단위).

●●은 $\frac{1}{3}$이 됩니다. 즉 구슬 2개가 단위입니다.

③ 3묶음 중 1묶음에 2개가 있으므로 전체 구슬의 수는 6개입니다.

④ 따라서 구슬 6개가 ●●●●●● 전체 1이 됩니다(부분-전체). 혜진이가 원래 갖고 있던 구슬은 6개입니다.

분수를 처음 학습할 때 가장 중요한 것은 부분-전체의 개념을 확실하게 이해하는 겁니다. 또 분수를 그림으로, 그림을 분수로 나타내는 연습을 충분히 해야 합니다. 또 다양한 단위를 사용할 수 있음을 알려주고 학생 스스로 단위를 선택해서 나타낼 수 있게 해야 합니다.

분수는 다양하게 표현할 수 있습니다. 한 가지 표현으로 정답을 맞추는 것은 중요하지 않습니다. 분수의 개념을 이해하고 다양한 방법으로 분수를 표현할 수 있게 도와주세요. 주어진 그림을 하나의 방법으로만 바라보면 하나의 방법만 보입니다. 지금 알려드린 방법을 적용해서 아이에게 분수의 개념을 설명해주세요. 언제나 가장 좋은 선생님은 부모님입니다.

아무리 강조해도 부족하지 않은 말이 있습니다. 바로, '가장 좋은 선생님은 부모님'이라는 말입니다. 아이가 분수 개념을 이해할 수 있도록 차근차근 설명해주세요. 문제를 함께 풀며 서로에 대한 신뢰를 쌓는 시간이 될 수 있습니다.

수학 좋아하는 아이를 만드는 나눗셈 쉽게 설명하는 법

3학년 1학기 때 처음 나오는 나눗셈은 사칙연산 중 학생들이 이해하기 가장 어려워하는 개념입니다. 나눗셈을 계산하기 위해서는 덧셈, 뺄셈, 곱셈 모두를 이해해야 하기 때문입니다. 나눈다는 개념도 이해하기 힘든데 나머지는 물론이고 나눗셈 계산 결과가 맞는지 확인하는 개념까지 나오기 때문에 어려울 수밖에 없습니다.

그래도 이때까지의 나눗셈은 곱셈구구 수준이기 때문에 아이들이 많이 힘들어하지 않습니다. 하지만 3학년 2학기에 등장하는 나눗셈은 나누어지는 수가 두 자리 수, 세 자리 수까지 커지기 때문에 아이들이 조금씩 힘들어합니다.

가장 많이 하는 실수가 나눗셈 알고리즘을 적용해서 세로셈을 계산할 때 몫의 자리를 정확히 파악하지 않고 계산하는 것입니다.

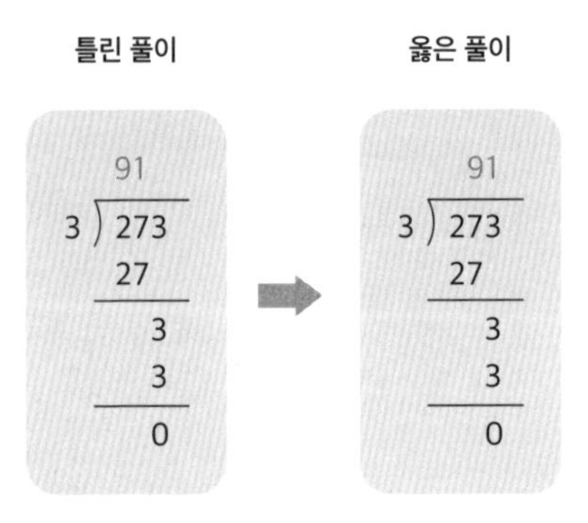

만약 위와 같은 문제를 주고 몫이 얼마냐고 물어보면 틀린 풀이로 해결한 학생도 몫은 91이라고 이야기합니다. 하지만 몫의 위치를 보면 9가 백의 자리에 1이 십의 자리에 있습니다. 나누는 수 273의 백의 자리가 2인데 몫의 백의 자리에 9를 적었기 때문에 틀린 풀이입니다. 하지만 학생들은 이 풀이가 틀려도 크게 신경 쓰지 않습니다. 왜냐하면 자기는 몫을 말할 때 910이라고 이야기하지 않고 91이라고 이야기했기 때문에 어떻게 풀었든 답은 맞았다는 식으로 생각합니다. 그래서 자신의 풀이 과정을 다른 사람에게 설명할 필요가 있습니다. 내가 어떻게 풀었는지 왜 9를 백의 자리 또는 십의 자리에 썼는지를 설명해야 합니다. 또 계산이 끝나고 나서 반드시 내가 푼 풀이가 맞는지 살펴봐야 합니다. 대충 살펴보는 것이 아니라 각 숫자의 자릿값을 정확히 봐야 합니다. 만약 아이들이 위 문제처럼 9를 몫의 십의 자리에 써야 하는데 백의 자리에 쓸 경우 '나누는 수는 273인데 몫이 900 정도가 나올 수 있을까?'라고 반문해야 합니다. 또 다른 방법으로 설명한다면 3×900=2700, 3×90=270이기 때문에 9는 십의 자리에 위치해서 90이라는 값을 나타낸다고 말할 수 있어야 합니다.

가장 중요한 것은 나누는 수와 몫의 값을 곱한 값이 얼마인지 정확히 파악해야 한다는 것입니다. 위 문제에서 나누는 수 3과 900을 곱할 때와 90을 곱할 때 어느 것이 맞는지만 알면 됩니다. 이것만 해결된다면 나눗셈 문제는 어렵지 않습니다. 나눗셈의 최대 고비는 4학년 1학기입니다. 이때 나오는 나눗셈은 나누는 수가 두 자리가 됩니다. 이 순간부터 아이들은 나눗셈을 서서히 포기하기 시작합니다. 몫의 첫 번째 수를 구할 때 계속해서 시행착오를 겪기 시작합니다.

예를 들어 685÷27을 해결하기 위해 세로셈으로 바꿔 계산했다고 가정해보겠습니다.

```
      25
27 ) 685
     54
    ----
     145
     135
    ----
      10
```

위 풀이는 올바른 풀이입니다. 답은 '몫은 25이고 나머지는 10이다.'입니다. 하지만 대부분의 아이들은 몫 25에서 십의 자리 2를 정확하게 찾는 걸 어려워합니다. 즉 시행착오를 겪습니다.

예를 들어 아이들이 몫의 십의 자리를 1로 생각했을 경우 27×1=27이 됩니다. 이때 아이들은 생각해야 합니다. 685의 68과 27을 뺄 수 있지만 68과 27간의 차이가 생각보다 큽니다. 그러므로 몫의 십의 자리 1에서 1을 더한 2를 생각합니다. 그러면 27×2=54가 됩니다. 68과 54의 차이가 생각보다 크지 않으므로 몫의 십의 자리는 2가 될 거라 생각할 수 있습니다. 하지만 정확하게 확인하기 위해서 다시 몫의 십의 자리 2에서 1을 더한 3을 생각해봅니다. 그러면 27×3=81이

되어서 685의 68보다 커지므로 몫의 십의 자리에는 3이 올 수 없습니다.

반대로 생각하는 학생도 있습니다. 예를 들어 수 감각이 어느 정도 있는 학생이 몫의 십의 자리를 3으로 생각했다고 가정해보겠습니다. 위에서 설명했듯 27×3=81이 되어서 앞자리 수가 685의 6보다 크므로 몫의 십의 자리에는 3이 올 수 없습니다. 그러므로 몫의 십의 자리 3에서 1을 뺀 2를 생각해야 합니다. 이처럼 몫을 1 크게 또는 1 작게 하는 연습을 시켜야 합니다. 처음에는 이런 과정이 힘들 수 있지만 반복을 해서 익숙해지게 되면 수 감각이 생기고 몫의 값을 어느 정도 어림할 수 있습니다.

마지막으로 나눗셈 학습에서 중요한 것은 내가 사용하고 있는 나눗셈 알고리즘의 각 숫자들이 어떻게 나왔는지 알아야 한다는 것입니다. 학부모님께서는 아이가 푼 나눗셈 계산을 보고 질문해야 합니다.

685÷27을 세로셈으로 바꿔 푼 풀이에서 "685 아래 54를 적었는데 왜 이 위치에 적었니?", "54는 어떻게 나온 걸까?", "54는 54를 뜻하는 걸까 아니면 540을 뜻하는 걸까?", "왜 10은 계산하지 않고 놔둔 거니?"와 같은 나눗셈의 핵심 요소들을 질문해봐야 합니다.

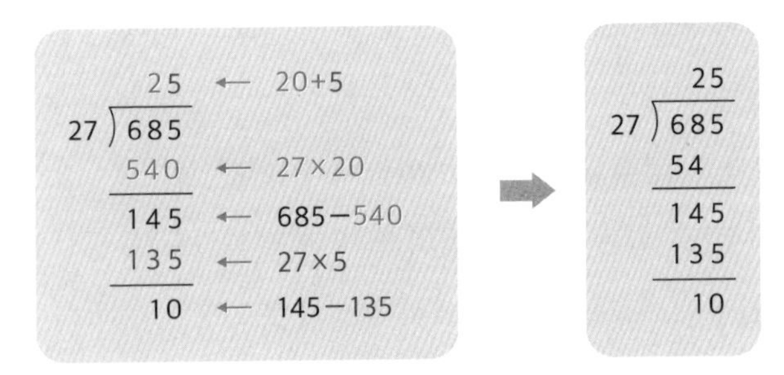

위와 같은 과정이 아이들의 머릿속에 있어야 합니다. 문제를 풀 때 왼쪽과 같이 계산 과정을 모두 적지는 않습니다. 하지만 머릿속에는 들어 있어야 합니다. 또 머릿속에 있는 내용을 설명하고 적용할 수 있어야 합니다.

처음에는 누구나 익숙하지 않기 때문에 실수를 합니다. 실수는 줄일 수 있습니다. 실수를 줄이는 가장 좋은 방법은 의미 있는 반복입니다. 단순히 여러 문제를 푸는 게 아니라 문제 하나를 풀더라도 꼼꼼히 풀고 풀이 과정 하나하나를 함께 확인해야 합니다.

나눗셈은 아이들이 가장 어려워하는 사칙연산입니다. 수학은 어렵다고 생각하게 만드는 첫 번째 장애물이 될 수도 있으니 반드시 기본 개념을 확실하게 익힐 수 있도록 설명해주세요.

가장 정확한 지표, 수학 자기 평가 하는 법

우리 아이의 수학 수준이 어느 정도인지 파악하는 것은 매우 중요합니다. 부족한 부분이 있다면 채워주고 잘하고 있다면 더 잘할 수 있도록 도와줘야 합니다. 교과서와 수학 익힘책 등을 보면 자기 평가 항목이 있습니다. 오늘 배운 개념을 얼마나 이해하고 있는지를 자기 스스로 평가하는 항목입니다. 하지만 아이들은 자신의 실력을 과소 평가하기보다는 과대 평가하는 경향이 있습니다. 자신의 수학 수준을 과대 평가할 경우 아이들은 복습하려고 하지 않고 수학 수업을 제대로 듣지 않습니다. 또한 문제집에 있는 문제 중 쉬운 문제는 제대로 풀지도 않고 넘깁니다. 더 큰 문제는 자신의 수학 수준보다 어려운 문제를 풀 때 발생합니다. 자신의 수학 수준을 과대 평가하는 학생은 문제가 풀리지 않으면 바로 포기하고 답지를 봅니다. 그리고 생각합니다. '아 내가 풀 수 있는 문제였는데, 이 부분에서 실수했네.'라고 자기 위안을 삼습니다. 부족한 점을 파악하고 제대로 보완해야 하는데 대충 확인하고 그냥 넘겨버립니다. 이와 같은 악순환이 반복되면서 아이들의 수학 수준은 점점 떨어지고 올바른 수학 학습을 할 수 없습니다.

우리 아이의 수학 수준을 제대로 평가할 수 있는 방법은 무엇이 있을까요?

첫째, 교과서 난이도보다 한 단계 또는 최대 두 단계 정도 높은 문제를 풀어봐야 합니다. 시중의 문제집을 보면 3단계 난이도로 나누어 구성한 문제집이 있습니다. A단계<B단계<C단계로 갈수록 문제의 난이도가 높아집니다. 보통 수학 익힘책의 어려운 문제는 B단계 수준입니다. 그러므로 교과서와 수학 익힘책 문제를 무리 없이 푸는 아이들은 C단계 문제를 풀어볼 필요가 있습니다. C단계 문제를 해결할 때 어려움을 느끼면 이 학생은 현재 수학 개념은 어느 정도 이해하고 있지만 문제 독해력, 응용 능력, 다양한 문제 풀이 방법을 이해하고 적용하지 못한다고 할 수

있습니다. C단계 문제를 풀지 못한다고 해서 수학 실력이 부족하거나 공부를 제대로 안하고 있다고 할 수 없습니다. C단계 문제를 어느 정도 해결할 수 있을 때 복습이 아닌 예습의 개념으로 선행학습을 할 수 있다고 생각합니다. 그러므로 우리 아이가 지금 배우는 학습의 수준이 어느 정도인지 평가한 후 선행학습을 결정하는 것이 중요합니다.

둘째, A4용지에 내가 알고 있는 수학 개념을 정리하는 방법이 있습니다. 복습의 중요성을 설명하면서 수업이 끝난 후 또는 개인 공부시간에 A4용지에 오늘 배운 내용을 정리해보라고 알려드렸습니다. 자기 평가할 때도 이 방법을 사용할 수 있습니다. 복습과 다른 점은 단원 전체 또는 학기, 학년 전체를 A4용지에 정리한다는 것입니다. 교과서 등을 참고하지 않고 머릿속에 있는 내용을 나만의 언어로 정리하는 것입니다. 정리된 내용을 부모님이 읽고 우리 아이가 쓴 수학 개념과 원리 등이 이해가 된다면 우리 아이의 이해 수준은 매우 높다고 할 수 있습니다. 하지만 부모님이 잘 이해되지 않는 부분을 아이에게 물었을 때 제대로 설명하지 못한다면 예습을 하기보다는 복습을 해야 하는 수준이라고 볼 수 있습니다.

셋째, 단원 평가를 2회 정도 해볼 필요가 있습니다. 가

급적 상, 중, 하 문제가 적절히 섞여 있는 평가지를 구해서 풀어봅니다. 예를 들어 전체 25문항 중 몇 개를 틀렸는지 확인해야 합니다. 그리고 틀린 유형이 무엇인지도 구분할 필요가 있습니다. 단순 계산 실수, 문제 이해 부족, 개념 이해 부족, 응용 능력 부족 등 다양한 이유로 아이들이 문제를 해결하지 못합니다. 각 유형별로 정리한 후 우리 아이가 부족한 부분을 스스로 파악하고 보완해야 합니다. 예를 들어 응용 능력이 부족하다면 해당 유형의 문제를 따로 정리해서 풀어볼 수 있습니다. 또 제가 말한 그림, 표를 활용하고 단순화 등의 작업을 문제에 적용하는 연습을 반복해서 할 필요가 있습니다. 단원 평가를 볼 때 모든 문제의 풀이를 문제집 또는 연습장에 적으라고 해야 합니다. 그리고 우리 아이가 정말 제대로 이해해서 풀었는지 꼼꼼히 확인해야 합니다. 해설지를 참고하여 우리 아이의 풀이를 확인하면 좋습니다. 해설지와 어떤 점이 달라서 틀렸는지 또는 우리 아이가 이 개념을 제대로 이해하고 있는지를 확인할 때 참고자료가 됩니다. 부모님이 일일이 문제를 다 풀 수 없기 때문에 해설지는 우리 아이가 제대로 문제를 이해하고 풀었는지를 판단하는 기준이 됩니다.

자기 평가를 할 때 학생 자신의 주관에 맡기면 안됩니

다. 객관적인 자료를 보고 판단해야 합니다. 실수로 틀린 것도 실력이기 때문에 틀린 걸 맞았다고 할 수 없습니다. 틀린 문제는 우리에게 많은 걸 알려줍니다. 어느 유형이 약한지, 내가 무엇을 공부해야 하는지, 어느 부분에서 실수를 자주 하는지 등 우리에게 꼭 필요한 정보를 알려주는 좋은 문제입니다. 그러므로 틀린 문제를 두 번 다시 안 볼 게 아니라 여러 번 봐야 합니다. 자기 평가를 하는 이유도 내가 어느 부분이 부족한지 발견하고 보완하기 위해서 하는 것이기 때문입니다.

선행학습은 기존의 학습 내용을 잘 파악한 상태에서 진행해야 효과가 있습니다. 부록에 소개한 추천 문제집 리스트를 참고하여 아이에게 꼭 맞는 시기에 선행학습이 진행될 수 있도록 도와주세요.

부록 1

이 문제집을 추천합니다

1~6학년 학생들을 대상으로 나온 문제집을 분석했습니다. 시중에 나온 문제집의 스타일은 어느 정도 비슷했습니다. 하지만 각 문제집마다 장점과 단점이 분명하게 존재했습니다. 학교 수업과 병행하기 좋은 기본 수준의 문제집과 나의 실력을 확인하고 문제해결 능력을 높일 수 있는 응용 수준의 문제집과 마지막으로 복습과 예습이 어느 정도 이루어진 상황에서 선행학습을 할 수 있는 조건을 만족하고 싶은 학생들을 위해 심화 문제집을 선정했습니다.

개인적인 생각이 반영된 추천입니다. 시중에 있는 연산 위주의 문제집은 제외했습니다.

기본편 추천

추천 문제집	출판사	추천 이유
쎈 수학	좋은책신사고	A, B, C 단계로 난이도가 나누어져 있어서 아이들이 한 권의 문제집으로 다양한 문제를 접할 수 있는 장점이 있음.
만점왕 수학	EBS	서술형 평가, 단원 확인 평가, 쪽지 시험, 학교 시험, 수행 평가 등 학생들에게 꼭 필요한 내용이 구성되어 있어서 유형만 많은 문제집에 비해 구성이 우수함.
큐브수학S 개념 start 초등수학	동아출판	수학 교과서를 분석하고 문제의 난이도를 파악하여 문제를 구성함. 서술형 문제를 대비할 수 있게 구성됨. 난이도가 높지 않아 처음 접하는 단원 문제도 풀 수 있음.
우등생 해법 수학	천재교육	QR코드를 통해 추가 자료를 제공하여 학습에 도움을 줌. 시험에 자주 출제되는 내용과 출제율이 함께 표시되어 있어서 중요한 문제를 선택해서 문제를 해결할 수 있음.
개념이 쉬워지는 생각수학	시매쓰	다른 책과 다르게 개념을 설명하는 글과 삽화가 수록되어 있음. 개념을 요점 정리 형태로 학습하지 않고 내용 하나하나를 아이들이 파악할 수 있게 구성되어 있음.
기본 수학리더 초등 수학	천재교육	교과서의 구성에 맞춰 구성했음. 문제집 한 면의 좌우를 비슷한 유형으로 출제하여 반복 학습이 가능함. 서술형 문제의 경우 아이들이 무엇을 활용해야 할지 힌트를 제공함.

추천 문제집	출판사	추천 이유
디딤돌 초등 수학 기본편	디딤돌	교과서의 필수 개념을 정리하고 꼭 알아야 하는 문제들로 구성되어 있음. 난이도가 높지 않아 아이들이 자신감을 갖고 문제를 해결할 수 있음.
우공비 일일 수학	좋은책신사고	교과서 문제를 해결할 수 있으면 어렵지 않게 문제를 풀 수 있는 난이도임. 학생에게 큰 부담없는 문항수와 빠른 정답 확인과 자세한 풀이로 답을 나누어서 보여줌.

응용편 추천

추천 문제집	출판사	추천 이유
디딤돌 초등 수학 기본+응용	디딤돌	난이도가 중상 이상의 문제들이 어느 정도 있어서 기본 수준에서 응용 수준으로 올라가려는 아이들에게 도움이 됨
EBS 만점왕 수학 플러스	EBS	《만점왕 수학》에 난이도가 높은 문제가 더해져 '응용력 높이기'라는 코너에 배치되어 있음. 잘 모르는 문제를 강의를 통해 채울 수 있다는 장점이 있음.

추천 문제집	출판사	추천 이유
큐브수학S 실력	동아출판	기본 개념을 익힌 상태에서 나의 약점을 파악하고 다양한 문제 유형에 응용할 수 있게 구성되어 있음. 서술형과 단원 평가 난이도가 기본편보다 높기 때문에 기본편을 통해 자신의 실력이 얼마나 향상됐는지 평가할 수 있는 기회를 제공함.
개념+유형 파워 초등 수학	비상교육	응용 문제로 실력 쌓기에 예제와 유제가 연결되어 있어서 예제를 푼 후 예제에서 학습한 개념을 바로 유제에 적용할 수 있게 구성되어 있음.
수학 단원평가	천재교육	다른 문제집과 다르게 단원 평가로만 구성되어 있음. 내가 공부한 단원의 개념을 제대로 이해했는지 실전 평가가 가능하게 구성되어 있음.
유형 해결의 법칙 셀파 수학	천재교육	유형별로 문제를 풀 수 있음. 내 약점을 파악하고 주의해야 할 점은 무엇인지 알 수 있음.
백점 초등 수학	동아출판	문제해결력을 키울 때 why라는 질문을 통해 전략을 세우고 풀이 방법을 생각할 수 있음.

심화편 추천

추천 문제집	출판사	추천 이유
최상위 초등 수학	디딤돌	문제집의 이름에 맞게 난이도가 높기 때문에 예습과 복습을 철저히 한 학생이 선행학습을 필요로 할 때 선행을 시작해도 될지를 판단할 수 있게 도와줄 수 있고, 난이도가 높은 문제를 해결함으로써 내 실력을 높일 수 있음.
최고수준 수학	천재교육	실전에 더욱 강해질 수 있는 각종 경시 유형 문제를 제공함. 수학 경시대회가 목적이 아니라도 수학 실력을 높일 수 있음. 나의 부족한 점이 무엇인지, 문제를 풀 때 어떤 생각과 방법을 활용해야 할지 알 수 있음.
큐브수학S 심화	동아출판	문제의 난이도가 높고 각 문제별로 공략할 수 있는 팁이 제공되어 있음. 수학 개념을 설명할 때 선행 개념이 들어있지만 어느 정도 이해할 수 있는 수준으로 구성되어 있고, 응용할 때 도움이 되는 개념을 따로 정리함.

부록 2

이 사이트를 추천합니다

추천 사이트	주소	장점	찾는 법
동아출판	bookdonga.com	단원 평가 무료로 제공	상단 메뉴 초등 → 학습 자료 클릭 1. 학년 선택 후 과목 수학 선택 2. 유형을 평가자료로 선택한 후 검색하기
꿀박사	kkulbaksa.com	3~6학년 수학 익힘책 풀이 영상 무료 제공	생각 만들기 클릭 → 수학 익힘책 문제풀이

추천 사이트	주소	장점
일일수학	11math.com	반복 연산 문제 무료 제공
EBSMath	ebsmath.co.kr	초등 3~6학년을 위한 재미있는 수학 콘텐츠를 제공
math.com	math.com/students/puzzles/puzzleapps.html	하노이탑, 스도쿠 등의 여러 가지 수학 게임을 제공
미래엔-맘티처	mom.mirae-n.com	유치원, 예비 초1 학생의 수학 학습 활동지를 무료로 제공
칸 아카데미	ko.khanacademy.org	무료로 양질의 수학 수업을 제공
똑똑 수학 탐험대	toctocmath.kr	AI를 활용해 초 1~2학년 학생의 수학 학습을 도와줌
페이버앱스	favorapps.com	초1~6학년 1~2학기 수학 게임을 제공
매스버스	mathbus.co.kr	'키출판사' 교재의 강의를 무료로 제공
ZEARN	zearn.org	무료로 양질의 수업 영상과 수학 자료를 제공(영어)
math drills	math-drills.com	무료로 다양한 수학 영역의 문제를 제공함. 일일수학과 다르게 측정, 도형 영역 등의 문제도 제공
Bedtime Math	bedtimemath.org/fun-math-at-home	집에서 아이와 함께 수학 활동을 할 수 있는 활동지와 자료를 제공
Math Playground	www.mathplayground.com	재미있는 게임을 통해 아이들의 수학 공부를 도와줌

부록 3

선행 전, 우리 아이 수학 능력을 평가해보세요!

다음 학년 선행학습을 하기 전, 이번 학년 수학 학습 내용을 완벽하게 파악하고 있는지를 아는 것이 무엇보다 중요합니다. 지금 아이와 함께 제시된 수학 문제를 풀어보세요. 기본 문제는 풀더라도 응용 문제를 풀 수 없다면 아직 선행학습을 하기에는 무리일지 몰라요. 함께 제시된 해답을 가지고 아이에게 찬찬히 수학 개념을 설명해주세요. 엄마는 아이의 실력을 정확하게 평가하는 시간이 될 수 있고, 아이는 엄마의 친절한 설명을 통해 엄마를 더 깊이 신뢰하는 시간이 될 수 있을 거예요!

1학년 수학 실력 평가 해설

기본 문제 1

문제를 해결하기 위해 덧셈과 뺄셈 중 무엇을 이용해야 할지 알아야 합니다. 전체 색종이를 구해야 하므로 덧셈을 이용해야 합니다.

3+4=7
답 : 7(장)

기본 문제 2

+	6	24
31	37	55
23	29	47

기본 문제 3

합이 10이 되는 두 수를 묶어야 합니다.
(1)에서는 2+8=10이므로 2와 8을 묶은 후 4를 더하면 14입니다.
(2)에서는 6+4=10이므로 6과 4를 묶은 후 3을 더하면 13입니다.

기본 문제 4

머릿속에 있는 생각을 논리적으로 이야기하는 건 1학년 학생에게 매우 어렵습니다. 하지만 규칙성 문제의 경우 아이들이 논리적으로 말하는 데 생각보다 어려움을 느끼지 않습니다.
본 문제는 올바른 규칙을 말하면 모두 정답 처리합니다.
대표 정답: 검은색 바둑돌 2개와 흰색 바둑돌 1개가 반복되는 규칙을 갖고 있습니다.

기본 문제 5

초록색 공 무게 < 노란색 공 무게
파란색 공 무게 < 초록색 공 무게

이므로 정답은 '파란색 공이 가장 가볍다.'입니다.

응용 문제 1

서우가 접은 색종이 수가 문제를 해결하는 중심입니다. 서아는 서우보다 2장 더 접었기 때문에 서우의 색종이 4장에 2장을 더해야 합니다.
서아의 색종이 수: 4+2=6(장)
서우와 서아의 색종이를 합쳐야 하므로 4+6=10
답 : 10(장)

응용 문제 2

문제의 조건 31보다 크고 36보다 작아야 하는 조건을 이해하고 활용해야 합니다. 조건에서 가장 중요한 건 십의 자리가 3으로 같다는 겁니다. 그러므로 십의 자리에는 반드시 3이 와야 합니다.
그러므로 수 카드 중 3을 뽑고, 나머지 카드를 뽑아야 합니다.
이때, 일의 자리는 1보다 크고 6보다 작아야 하므로, 올 수 있는 건 4와 5입니다. 3은 이미 십의 자리에 뽑았으므로 다시 뽑을 수 없습니다.
그러므로 우리가 찾는 수는 34와 35입니다.
두 수를 더하면 34+35=69
답 : 69

응용 문제 3

초등학교 1학년 덧셈과 뺄셈에서 가장 중요한 건 두 수의 합이 10이 되는 경우입니다. 첫 번째 그림을 보면 시계 방향으로 6, 1, 4가 있습니다. 여기서 가장 중요한 숫자는 6과 4입니다. 6+4=10이 되기 때문입니다.
10-1=9 즉 두 수를 더해서 10을 만든 후 나머지 수를 뺀 수가 네모에 들어가는 것입니다.
문제를 꼼꼼하게 보지 않는 아이들의 경우 세 번째 그림에서 실수하게 됩니다.
첫 번째, 두 번째, 모두 시계 반대 방향에 있는 6과 4 그리고 3과 7을 더

한 후 나머지 수를 뺐는데 세 번째 그림은 그게 적용되지 않습니다. 하지만 대부분의 아이들은 세 번째 그림을 제대로 분석하지 않습니다. 주어진 그림을 반드시 분석해서 해결해야 합니다.

9, 5, 1에서 9+1=10을 만든 후 나머지 수 5를 빼면 10-5=5입니다.

답 : 5

응용 문제 4

이 문제에서 가장 중요한 건 학생들이 규칙을 파악하고 그림을 그려야 한다는 겁니다. 주어진 바둑돌은 현재 9개입니다. 그러므로 3개의 바둑돌을 규칙에 맞게 그려야 바둑돌 12개가 됩니다. 그 규칙을 파악하고 규칙에 알맞게 남은 3개의 바둑돌을 그려야 합니다.

○ ○ ●/○ ○ ●/○ ○ ●/○ ○ ●

그림과 같이 그린 후 하얀색 바둑돌을 세어보면 모두 8개입니다.

답 : 8(개)

응용 문제 5

비교하기의 문제를 풀 때 가장 중요한 건 비교할 수 있는 기준을 찾아야 합니다. 첫 번째 그림의 오른쪽 도형과 두 번째 그림의 왼쪽 도형이 똑같습니다.

그렇기 때문에 아래 그림과 같이 바꿔서 생각할 수 있습니다.

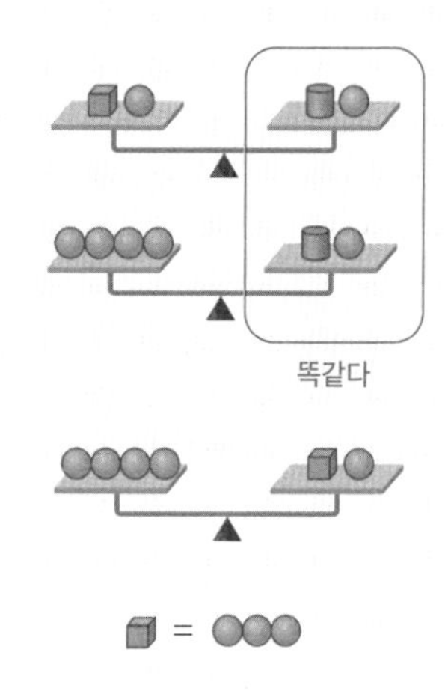

또 다른 풀이는 '단 하나만 남긴다.'입니다.

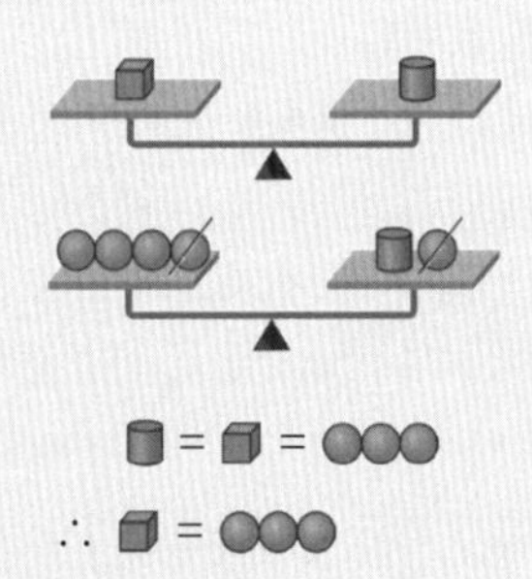

답 : 3(개)

2학년 수학 실력 평가 해설

기본 문제 1

쌓기나무가 쌓인 1층은 5개, 2층은 1개이므로 5+1=6

6개의 쌓기나무가 필요합니다.

답 : 6(개)

기본 문제 2

수직선과 식이 모두 주어져 있습니다. 전체가 33이고 부분이 14입니다. 나머지 부분을 구하기 위해서는 33-14=□의 식을 세워 계산하면 됩니다.

□ = 19

답 : 19

기본 문제 3

위와 아래 벽돌의 길이는 모두 같습니다.

그림에서 내가 알 수 있는 건 무엇인지 파악하고 문제를 해결해야 합니다.

먼저 아래 벽돌의 길이가 모두 주어져 있으므로 4 cm + 1 cm를 하면 5 cm입니다.

즉 벽돌 전체의 길이는 5 cm입니다.

위에 있는 벽돌 길이가 5 cm가 되야 하므로 5-3=2가 됩니다.

㉠ = 2 cm

답 : 2 cm

기본 문제 4

곱셈의 기본은 몇 개씩 몇 묶음지를 파악하는 것입니다. 같은 수를 여러 번 더하는 개념을 곱셈으로 표현했기 때문입니다.

주어진 그림을 보면 도넛이 3개씩 1묶음입니다.

그러므로 3단 곱셈구구를 생각해야 합니다. 3개씩 4묶음이 있으므로 곱셈식으로 나타내면 3×4=12가 됩니다.

답 : 3×4=12

기본 문제 5

시작한 시각은 8시 30분 끝낸 시간은 9시 10분입니다.

8시 30분이 9시가 되려면 30분이 흘러야 합니다.

그리고 9시가 9시 10분이 되려면 10분이 더 흘러야 하므로 30분+10분=40분입니다.

책을 읽는 데 걸린 시간은 40분입니다.

답 : 40분

응용 문제 1

왼쪽 쌓기나무의 수는 4개, 오른쪽 쌓기나무의 수는 9개이므로 9-4=5

5개가 더 필요합니다.

답 : 5(개)

응용 문제 2

수직선은 덧셈과 뺄셈을 학습할 때 매우 중요합니다. 수직선에 나타나 있는 수와 내가 구해야 할 수 사이의 관계를 파악한 후 문제를 풀어야 합니다. 또한 전체는 부분으로 이루어져 있다는 개념을 토대로 문제를 해결하는 것이 무엇보다 중요합니다.

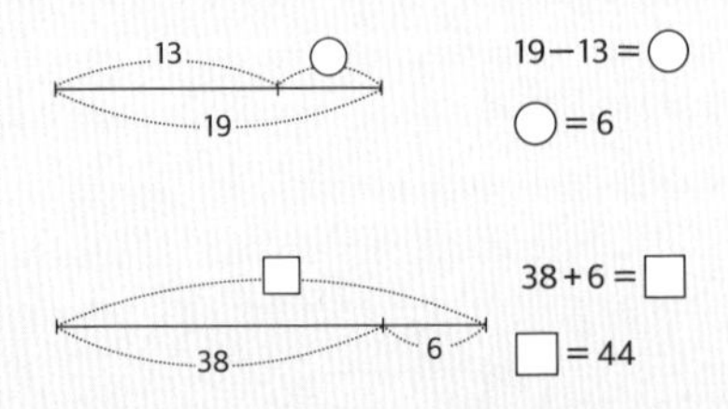

수직선에서 19와 13의 길이를 이용해서 ○에 들어갈 수를 구합니다.

그리고 구한 수를 수직선에 표시한 후 우리가 구해야 하는 □의 수를 구하면 됩니다.

응용 문제 3

㉮, ㉯, ㉰의 벽돌 중 ㉯의 길이를 알고 있으므로 ㉯의 길이를 이용해야 합니다. 위 그림 중 ㉮ 벽돌 1개와 ㉯ 벽돌 3개의 길이가 같습니다.

㉮ 벽돌의 길이 = (㉯ 벽돌의 수)× 3 cm 이므로

= 3×3

= 9

주어진 그림에 길이를 표시해서 구하면 ㉰ 벽돌의 길이는 12 cm입니다.

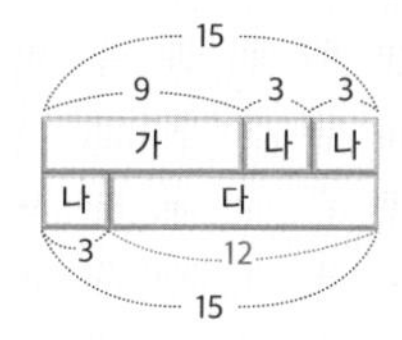

㉮ : 9 cm

㉰ : 12 cm

응용 문제 4

아이들은 곱셈구구를 외웠지만 설명하기 어려워합니다. 주어진 그림을 보고 대부분의 아이들은 바둑돌을 하나씩 세기 시작합니다. 곱셈구구의 핵심은 몇 개씩 몇 묶음인지를 알아야 합니다. 같은 수가 몇 번 반복되는지를 파악해야 합니다. 첫 번째는 바둑돌 1개가 1묶음, 두 번째는 바둑돌 2개가 2묶음, 세 번째는 바둑돌 3개가 3묶음입니다.

그러므로 여덟 번째는 8개씩 8묶음입니다.

곱셈식으로 나타내면 8 × 8 = 64.

답은 64입니다.

첫 번째라서 바둑돌 한 개, 두 번째라서 바둑돌 두 개, 세 번째라서 바둑돌 세 개씩 묶었다는 내용을 아이들이 알아야 합니다.

답 : 64

응용 문제 5

이 문제는 시계의 시와 분을 읽을 줄 알아야 할뿐만 아니라 각 시계의 시각을 보고 규칙을 찾아야 합니다. 규칙을 찾기 위해서는 먼저 시계의 시와 분을 모두 쓴 후 규칙을 찾을

필요가 있습니다. 그림을 보고 바로 판단할 수 있지만 실수를 줄이기 위해서는 시와 분을 모두 쓰는 것이 좋습니다.
선생님이 말한 규칙은 시계 그림이 변할 때마다 15분씩 시간이 흐른다입니다. 그러므로 마지막 시계에 알맞은 시각은 전 시계의 3시에서 15분이 흐른 3시 15분입니다.
답 : 3시 15분

3학년 수학 실력 평가 해설

기본 문제 1

교과서의 기본 개념을 반드시 이해하고 활용할 수 있어야 합니다.
나누어지는 수 92, 나누는 수 8, 몫 11, 나머지 4를 활용해서 확인할 수 있습니다.
8×11=88 → 88+4=92

기본 문제 2

16은 40의 얼마인지 구하기 위해서는 주어진 그림을 분석해야 합니다. 한 묶음에 사과가 모두 8개 있기 때문에 사과 40개가 8개씩 5묶음이 있습니다. 한 묶음에 사과가 8개 있으므로 사과 16개는 두 묶음입니다. 즉 전체 5묶음 중 2묶음입니다.

답 : □ = 2

기본 문제 3

원에서 가장 중요한 건, 원의 중심, 반지름, 지름의 정의입니다. 가장 큰 원의 중심은 ㉡이고 반지름이 14 cm, 작은 원의 중심은 ㉢이고 반지름이 5 cm입니다.
㉡㉢의 길이는 두 원의 반지름을 더하면 됩니다.
도형에서 가장 중요한 건 주어진 도형이 서로 만나는 점입니다. 두 원이 만나고 있는 곳을 꼭 생각하고 문제를 풀어야 합니다.
선분 ㉡㉢의 길이는 14 cm+5 cm =19 cm
답 : 19 cm

기본 문제 4

단위를 통일하는 것이 가장 중요합

니다.

km를 m로 바꿔서 해결합니다.

1 km = 1000 m 이므로

3800 m-1550 m=2250 m

답 :2 km 250 m 또는 2250 m

기본 문제 5

36×28을 세로셈으로 바꿔서 계산합니다.

```
      3 6
×     2 8
---------
    2 8 8
    7 2
---------
  1 0 0 8
```

답: 1008

응용 문제 1

㉠은 두 자리 수이고 조건 두 개를 만족해야 합니다.

첫 번째 조건을 분석하면 4로 나누었을 때 몫은 12이고 나머지는 1보다 큽니다. 여기서 나머지가 1보다 크다는 조건이 매우 중요합니다.

4로 나누었을 때 나올 수 있는 나머지는 무엇이 있을까요?

0, 1, 2, 3입니다. 4는 나머지가 될 수 없습니다.

4를 4로 나누면 몫은 1이고 나머지는 0이 됩니다. 나머지가 있으려면 더 이상 나눌 수 있는 게 없어야 합니다.

나머지가 1보다 크다고 했으므로 나올 수 있는 나머지는 2와 3입니다.

두 번째 조건은 ㉠이 50보다 크다고 했습니다.

나머지가 2라고 가정하고 ㉠을 구하면

4 × 12 = 48 → 48 + 2 = 50이 됩니다.

50보다 커야 하므로 나머지는 2가 아니라 3입니다.

답: 51

응용 문제 2

이 문제의 핵심은 직각삼각형의 크기를 정사각형과 어떻게 비교할 것인가입니다. 여기서 가장 중요한 건 '내가 이해하기 쉽게 생각한다' 입니다. 이 문제에서는 정사각형 1개가 이해하기 쉽습니다. 정사각형 1개가 기준이기 때문입니다. 이제 주어진 삼각형을 정사각형으로 바꾸겠습니다. 주어진 삼각형과 같은 삼각형 하나를 더 색칠하면 4개의 정사각형이 나옵니다. 2개의 삼각형의 크기는 정사각형 4개의 크기와 같습니다.

하지만 우리는 1개의 삼각형의 크기만 알면 되므로 1개의 삼각형의 크기는 정사각형 2개와 같습니다.

전체는 정사각형 24개이고, 색칠한 크기는 정사각형 4개이므로

답 : ②

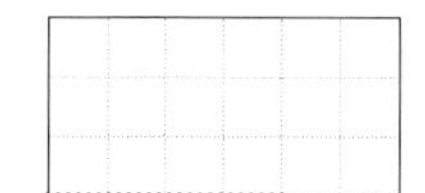

응용 문제 3

두 원의 크기가 같다는 말은 반지름이 같다는 뜻입니다. 또한 서로 다른 원의 중심으로 지나고 있다는 내용을 활용해야 합니다.

색칠한 삼각형의 둘레가 15 cm입니다. 이제 중요한 건 삼각형이 어떤 삼각형인지 알아야 삼각형의 성질을 이용할 수 있습니다. 그림을 잘 보면 삼각형의 두 꼭짓점은 각 원의 중심에 있고 나머지 한 꼭짓점은 두 원이 만나는 점에 있습니다. 이렇게 그림을 하나하나 분석해야 합니다.

반지름의 정의는 중심에서 원 위의 한 점을 이은 거리입니다. 중심에서 이은 원 위의 세 점을 각각 그려보면 모두 반지름과 같습니다.

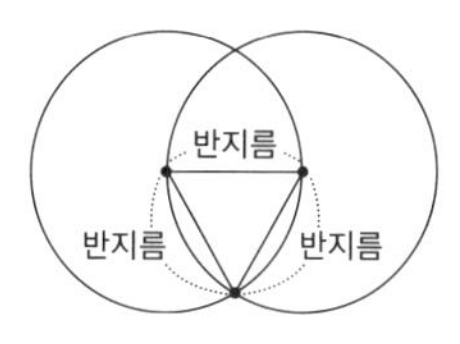

그러므로 주어진 삼각형은 정삼각형입니다.
정삼각형은 세 변의 길이가 모두 같습니다. 길이가 같기 때문에 나눗셈을 이용할 수 있습니다.
15 cm÷3=5 cm
답: 5 cm

응용 문제 4
주어진 그림에서 전체는 무엇이고 전체를 이루는 부분이 무엇인지 분석해야 합니다. 문제해결에 가장 중요한 핵심 단서는 '전체는 부분이 모여서 이루어져 있다'입니다.
집에서 학교 거리 + 1250 m = 3 km 400 m를 이용해서 식을 세우면 됩니다.
그러므로 3 km 400 m - 1250 m = 집에서 학교까지의 거리입니다.
단위를 m로 통일하면
3400 m-1250 m =2150 m
답: 2 km 150 m

응용 문제 5
이 문제가 어느 단원에 속한 문제인지 적혀있지 않습니다. 그러므로 문제를 읽고 문제를 해결하기 위해 필요한 수학 개념을 생각해야 합니다.
가장 중요한 조건은 리본 한 개를 만드는 데 색 테이프가 46 cm 필요하다는 것입니다. 문제 상황을 단순화해 보면 리본 2개를 만드는 데 필요한 색 테이프는 46+46=92입니다. 즉 46×2로 나타낼 수 있습니다. 이 문제를 해결하기 위한 단서는 곱셈임을 알 수 있습니다. 식을 세워보면

식 : 46×33 또는 33×46
답: 1518 cm